JavaScript构建Web和 ArcGIS Server应用实战

〔美〕Eric Pimpler 著

张大伟 译

人民邮电出版社

北京

图书在版编目（ＣＩＰ）数据

JavaScript构建Web和ArcGIS Server应用实战 /
（美）派普勒（Pimpler,E.）著；张大伟译. -- 北京：
人民邮电出版社, 2015.12
　ISBN 978-7-115-40362-9

　Ⅰ. ①J… Ⅱ. ①派… ②张… Ⅲ. ①JAVA语言—程序
设计 Ⅳ. ①TP312

　中国版本图书馆CIP数据核字(2015)第222444号

版权声明

◆ 著　　　　［美］Eric Pimpler
　　译　　　　张大伟
　　责任编辑　陈冀康
　　责任印制　张佳莹　焦志炜
◆ 人民邮电出版社出版发行　　北京市丰台区成寿寺路 11 号
　　邮编　100164　电子邮件　315@ptpress.com.cn
　　网址　http://www.ptpress.com.cn
　　三河市海波印务有限公司印刷
◆ 开本：800×1000　1/16
　　印张：14.75
　　字数：286 千字　　　　　　　2015 年 12 月第 1 版
　　印数：1 – 2 500 册　　　　　 2015 年 12 月河北第 1 次印刷
　　著作权合同登记号　图字：01-2014-6229 号

定价：49.00 元
读者服务热线：(010)81055410　印装质量热线：(010)81055316
反盗版热线：(010)81055315

内容提要

　　ArcGIS Server 是用于开发基于 Web 的 GIS 应用程序的主要平台，而 JavaScript 已经成为在这个平台上开发应用程序的主流语言之一。本书介绍了如何利用 ArcGIS API for JavaScript 来创建基于 Web 的 GIS 应用程序。

　　本书共 12 章，分别介绍了基本概念、创建地图和添加图层、添加图形到地图、特征图层、使用控件和工具栏、空间和属性查询、定位和查找特征、地址转换点和点转换地址、网络分析任务、地理处理任务、整合 ArcGIS Online 以及创建移动应用程序。附录部分介绍了利用 ArcGIS 模板和 Dojo 设计应用程序。

　　本书结构清晰、示例丰富，非常适合初学者和中级水平的 GIS 开发人员，也适合想要使用该平台进行应用开发的读者。

译者序

Eric 的这本书，首先从最基础的 HTML、CSS 和 JavaScript 内容开始讲解，然后从 ArcGIS API for JavaScript 的各个技术点着手一步一步地介绍，每章在介绍理论知识的同时，还包括对知识点的练习。像这样理论和实践相结合的书籍特别适合对 GIS 开发感兴趣的初学者以及有一定 GIS 开发经验的初、中级开发人员阅读、参考。

本书的内容较多，涉及的知识点也比较广。工作之余进行翻译工作，无论是对语义的理解、案例的复现或模拟，还是对字句的斟酌，都颇为辛苦。不过本书的内容是我当前工作的一部分，也是我兴趣之所在。在推敲字句之时，常能有会心一笑，可谓苦中有乐。

在本书将要完成之际，我要将此书献给我亲爱的爸爸、妈妈，愿他们永远健康快乐！

我还要特别感谢我的妻子汪云妹，翻译本书的过程几乎占据了我所有的业余时间，如果没有她的理解、鼓励和支持，我难以想象自己能按时完成这项工作！

临近付梓之际，心中难免惴惴，虽然我尽力做了很多努力以避免错误，也广邀从事 IT 工作的同学和好友做了审阅，但是错误或不妥之处在所难免。如果各位读者发现了错误，请发送邮件到邮箱：zdw850828@163.com，我将尽我所能进行答复，并对你提供的帮助表示由衷的感谢。

前言

  ArcGIS Server 是用于开发基于 Web 的 GIS 应用程序的主要平台。我们可以使用多种编程语言去开发基于 ArcGIS Server 的应用程序，包括 JavaScript、Flex 和 Silverlight。JavaScript 已经成为在这个平台上开发应用程序的首选语言，因为它可以用在 Web 和移动应用程序中，并且在浏览器上不需要为应用程序安装插件。Flex 和 Silverlight 两者都不太适合作为移动终端程序开发的语言，并且当应用程序运行在浏览器中时都需要用到插件。

  本书将介绍如何利用 ArcGIS API for JavaScript 来创建基于 Web 的 GIS 应用程序。通过实用且容易上手的学习方式，我们将学会如何使用 ArcGIS Server 去开发功能齐全的应用程序，并形成在更高要求下的技能集。

  学习如何创建地图，并从一系列资源（包括切片缓存和动态地图服务）中添加地理图层。另外，介绍如何将 graphics 添加到地图上及使用 FeatureLayer 输出地理特征到浏览器上。大部分应用程序还包括通过 ArcGIS Server 执行特定功能的任务。我们还将学习如何使用各种 ArcGIS Server 提供的任务，包括查询、定位特征、属性查找特征、地理处理任务等。最后，我们将很轻松地学会利用 ArcGIS API for JavaScript 开发移动应用程序。

本书涵盖内容

  第 1 章，HTML、CSS 和 JavaScript 简介，介绍在利用 ArcGIS API for JavaScript 进行 GIS 应用程序开发之前，需要掌握的一些基本的 HTML、CSS 和 JavaScript 概念。

  第 2 章，创建地图和添加图层，介绍如何创建地图并向这个地图上添加图层。我们将学习如何创建一个地图类的实例，为地图添加图层数据和在 Web 页面中展示内容。Map 类是 API 中最基本的类，它为应用程序中的数据图层和任何后继活动提供容器。然而，地图只有添加了图层数据才能发挥作用。我们可以添加多种类型的数据图层到地图中，包括切片缓存图、动态图和特征图。读者将会在本章中学习到这些图层类型的更多内容。

第 3 章，添加图形到地图，向读者介绍如何在地图上用 GraphicsLayer 显示临时点、线和面。GraphicsLayer 是一种独立图层，可以显示在其他图层上，并存储所有和地图相关的图形。

第 4 章，特征图层，它除了继承 GraphicsLayer 之外还提供了额外的功能，比如执行查询和选择的功能。特征图层还可用作在线特征编辑。特征图层与缓存切片和动态地图服务图层不同，因为特征图层会将地理几何信息绘制并存储到客户浏览器中。特征图层极大地减少了和服务器端的往返时间。一个客户端可以请求它需要的特征，对这些特征执行选择和查询而不需要向服务器端请求更多信息。

第 5 章，使用控件和工具栏，介绍拿来即用的控件。我们可以直接将其引入到应用程序中来提高生产率，包括 BasemapGallery、Bookmarks、Print、Geocoding、Legend、Measurement、Scalebar、Gauge 和 OverviewMap 等控件。另外，ArcGIS API for JavaScript 还包括 helper 类，它用来将各种工具栏添加到你的应用程序中，比如导航和绘制工具栏。

第 6 章，空间和属性查询，介绍 ArcGIS Server 查询任务，它允许对已经暴露在一个地图服务中的数据图层执行属性和空间查询操作。我们也可以组合这些查询类型去执行一个联合体的属性和空间查询。

第 7 章，定位和查找特征，介绍在任何 GIS 应用程序中都存在的两个常用操作。要求用户以定位的形式单击地图上的一个特征，或者以查找特征的方式去执行一个查询操作。在这两种情况下，返回特征的详细信息。在本章中，读者将学会如何使用 IdentifyTask 和 FindTask 对象去获取特征的信息。

第 8 章，地址转换点和点转换地址，介绍使用 Locator（定位）任务执行地理编码和逆地理编码。地理编码的过程是为地址分配坐标，而逆地理编码则是为坐标分配地址。

第 9 章，网络分析任务，允许在道路网络上执行分析，比如查找从一个地点到另一个地点的最佳路径、查找最近的学校、定位一个位置附近的服务区或者响应一系列服务车辆的订单集。

第 10 章，地理处理任务，允许运行通过 ModelBuilder 在 ArcGISDesktop 上建立自定义模型。模型的运行方式是自动方式，不是在桌面环境下就是经过集中式服务器通过 Web 应用程序实现。任何在 ArcToolbox 中的工具，不论它是 ArcGIS 系统工具还是我们创建的自定义工具，都可以用在模型中并且和其他工具关联在一起。这些模型一旦构建后，就能运行在一台集中式服务器中，并且通过 Web 应用程序访问。在本章中，我们将通过 ArcGIS API for JavaScript 去实践如何使用这些地理处理任务。

第 11 章，整合 ArcGIS Online，阐述如何使用 ArcGIS API for JavaScript 来获取 ArcGIS.com 创建的数据和地图。ArcGIS.com 是提供地图和其他类型地理信息的网站。在这个站点上，我们将发现用于创建和共享地图的应用程序，还可以找到可供查看和使用的有用底图、数据、应用程序和工具。另外，我们也可以加入该社区。对于应用程序开发人员来说，真正令人激动的消息是可以通过 ArcGIS API for JavaScript 集成 ArcGIS.com 内容到自定义开发的应用程序中。在本章中，我们将探索到 ArcGIS.com 地图是如何添加到应用程序中的。

第 12 章，创建移动应用程序，阐述如何使用 ArcGIS API for JavaScript 来创建移动 GIS 应用程序。ArcGIS Server 当前支持 iOS、Android 和 BlackBerry 操作系统。API 集成在 dojox/mobile 中。在本章中，我们将学习精简的 API，它使得 Web 地图应用程序通过 Web-kit 浏览器和手势支持变为可能。

附录，利用 ArcGIS 模板和 Dojo 设计应用程序，介绍设计和创建用户界面接口这个对于大多数 Web 开发人员来说最难的任务。ArcGIS API for JavaScript 和 Dojo 极大地简化了这个任务。Dojo 的布局 Dijits 提供一个简单、有效的方式去创建应用程序布局，美国环境系统研究所（Environmental Systems Research Institute，ESRI）已经提供了一系列的示例应用程序布局和模板来供你安排和快速运行。在附录中，读者将学到快速设计应用程序的技巧。

阅读本书，你需要准备什么

为了完成本书中的练习，需要访问浏览器，推荐使用 Google Chrome 或者 Firefox。

读者对象

如果你是一个打算使用 ArcGIS Server 和 ArcGIS API for JavaScript 技术进行 Web 和移动 GIS 应用程序开发的应用开发人员，那么这本书是最合适不过了。本书主要面向初学者和中级水平的 GIS 开发人员，或者在过去没有进行过 GIS 应用程序开发，但是现在正致力于在这个平台实施解决方案的人。先前没有 ArcGIS Server、JavaScript、HTML、CSS 经验的读者，这本书肯定对你很有帮助。

体例

在本书中，你会发现多种文本样式用以区分不同类型的信息。下面是一些这些样式的例子以及对它们含义的说明。

在文本、数据库表名、文件夹名、文件名、文件后缀名、路径名、虚拟 URLs、用户输入和推特标签中的代码这样显示："将 onorientationchange() 事件添加到<body>标签。"

一段代码的设置如下。

```
routeParams = new RouteParameters();
routeParams.stops = new FeatureSet();
routeParams.outSpatialReference = { wkid:4326};
routeParams.stops.features.push(stop1);
routeParams.stops.features.push(stop2);
```

当我们想让你注意一个特殊的代码段时，相关的行或内容会加粗。

```
function computeServiceArea(evt) {
  map.graphics.clear();
  var pointSymbol = new SimpleMarkerSymbol();
  pointSymbol.setOutline = new SimpleLineSymbol(SimpleLineSymbol.STYLE_
SOLID,new Color([255,0,1]),1);
  pointSymbol.setSize(14);
  pointSymbol.setColor(new Color([0,255,0,0.25]));
}
```

新术语和**重要词汇**加粗显示。比如屏幕上看见的、菜单中或者对话框中的单词，像这样出现在文本中："单击 **Run** 按钮"。

警告或者重要笔记像这样显示在一个框中。

提示和技巧像这样显示。

读者反馈

欢迎我们的读者进行反馈，让我们知道你们对这本书的看法——不论是喜欢还是不喜欢。读者的反馈能够帮助我们写出更多对读者真正有用的内容。

向我们发送反馈，仅需发送电子邮件到 feedback@packtpub.com，并且在邮件消息中提到本书的标题即可。

假如某个主题是你的专长，并且有兴趣写作一本书或者贡献部分章节的话，请访问www.packtpub.com/authors 查看我们的作者指南。

客户支持

现在你成为了 Packt 出版社的一名尊敬的读者，为使你的消费物超所值，我们也为你准备了丰富的内容。

下载示例代码

你可以在 http://www.packtpub.com 上的账户下载你所购买的所有 Packt 书籍的示例代码文件。假如你在其他地方购买了本书，可以访问 http://www.packtpub.com/support，并注册以通过电子邮件直接获取这些文件。

勘误表

尽管我们已经全力保证内容的准确性，但错误在所难免。如果你在我们的书中发现了错误，不论是文本还是代码，如果你能报告给我们的话，我们会很感激。通过这样的方式，可以避免让其他读者对内容产生困惑，并且能帮助我们改进本书的后续版本。如果你发现了任何错误，请通过访问网站 http://www.packtpub.com/submit-errata 来提交错误报告。选择你自己的书，单击 errata submission form 链接，然后输入错误细节描述即可。一旦你的勘误表通过了验证，你所提交的内容将被接受并且勘误表将被上传到我们的网站，或添加到现有勘误表列表下的关于这个标题的勘误部分。任何现有的勘误表都可以通过在网站http://www.packtpub.com/support 上选择你的标题来查看。

版权保护

互联网上的盗版现象非常多见，我们 Packt 非常注重对版权和许可证的保护。如果你遇到在互联网上以任何形式非法复制我们的作品，请及时提供给我们地址或网站名称，以便及时补救。

请将涉嫌盗版的材料链接通过 copyright@packtpub.com 告知我们。

我们非常感谢你帮助并保护我们的作者，我们将竭诚为你带来更有价值的内容。

问题

假如关于本书你有任何方面的问题，都可以通过 questions@packtpub.com 与我们取得联系，我们将尽力解决。

作者简介

Eric Pimpler 是 geospatialtraining.com 网站的创始人和所有者，他有着 20 多年使用 Esri、Google Earth/Maps 及开源技术进行 GIS 解决方案的实施和教学经验。目前，他主要致力于使用 Python 进行 ArcGIS 脚本编程及使用 JavaScript 进行自定义的 ArcGIS Server Web 和手机应用程序的开发。另外，他还是 *Programming ArcGIS 10.1 with Python Cookbook* 一书的作者。

Eric 获得了 Texas A&M 大学地理学士学位，另外他还获得了 Texas State 大学 GIS 应用地理硕士学位。

审阅人简介

Pouria Amirian 是 GIS 和计算机科学方向的讲师、研究员，他还是爱尔兰国立大学、美努斯学院的科研工作者。除了和爱尔兰国立大学合作外，他还与德国、法国和英国等国家的世界一流大学有多个科技学术方面的合作。他是 2013 年由 Wiley 出版的 ArcGIS 开发畅销书 *Beginning ArcGIS for Desktop Development using .NET* 的作者。他在小型规模到企业分布式、面向服务（geospatial）的信息系统的设计及开发方面有着丰富的经验。Amirian 博士目前致力于前沿的技术研究，并且在大数据（geospatial）的项目开发和 NoSQL 数据库方面有着丰富的经验，他还是与以上主题相关的多本图书的技术编辑，你可以通过 pouriaamirian.arcobjects@gmail.com 和他取得联系。

我要感谢我的朋友 MajidFarahani 博士，在我的职业生涯中给予我的支持、理解和鼓励。我还要感谢作者和技术审稿组，是他们让这本书成为一个有趣的项目。

——Pouria Amirian

Ken Doman 的大部分精力都投入到了计算机事业中，并在业余时间也专注于该领域。他毕业于莱斯大学并取得生物学士学位。自此之后，他辗转于多个领域，直到他被邀请为他的家乡（德克萨斯州切罗基县的杰克逊维尔）创建一个 GIS 部门。起初，他用一整个鞋柜的笔记本纸张来保存地址数据库。不久之后，他便发布了他们社区的第一个在线地图。他也因此迷上了发布 Web 地图。

Ken 目前在 Bruce Harris and Associates 公司担任 GIS Web 开发工程师，该公司是一个私营企业，主要为美国各地区提供 GIS 服务和产品。在那里，他从事一系列的技术工作，帮助县和市政府部门在 Web 浏览器中提供有效的数据。

这本书是 Ken 第一本参与审阅的书，他对此有很高的期望，后面他还会有其他书籍陆续出版。

我首先要感谢我的妻子 Luann，感谢她的爱与支持。她言语间的鼓励让我对待此书认真负责。我还要感谢上苍赐予我这样好的机会，同时感谢 Bruce Harris and Associates 公司，以及佛罗里达州的普兰特城和德克萨斯州的杰克逊维尔等城市，让我有机会学习更多与 GIS 有关的知识，它们对我的职业生涯有很大的帮助。

——Ken Doman

Joseph Saltenberger 在一个 GIS 软件公司担任数据分析员，专门为消防和 EMS 部门提供专业的空间决策支持系统。他毕业于洪堡州立大学，并获得自然资源（GIS 和遥感）学士学位，在圣地亚哥州立大学他还获得了地理（地理信息重点科学）硕士学位。他在学术和职业生涯中一直专注于使用 GIS 进行数据管理和分析以及定制开发 GIS 应用程序。

目录

第1章
HTML、CSS 和 JavaScript 简介

在开始使用 ArcGIS API for JavaScript 进行 GIS 应用程序开发之前，你需要理解一些基本概念。对于那些已经熟悉 HTML、JavaScript 和 CSS 的读者来说，就请跳过这一章直接到下一章进行学习。但是，如果你刚开始了解这些概念，请继续阅读。我们将从基础概念开始介绍这些主题，这足以让你入门。关于这些主题的更高层次的学习，有很多学习资源提供，包括书籍和在线教程。你可以参考附录"利用 ArcGIS 模板和 Dojo 设计应用程序"来获取一系列综合的资源。

在本章中，我们将涵盖以下主题。

◆ 基本的 HTML 页面概念。

◆ JavaScript 基础。

◆ CSS 基本原则。

1.1 基本的 HTML 页面概念

在深入地图创建和图层添加细节内容前，你需要了解当使用 ArcGIS API for JavaScript 开发应用程序时，代码上下文的位置。你所编写的代码将会放在一个 HTML 页面或者 JavaScript 文件中，HTML 文件的后缀名通常为.html 或者.htm，JavaScript 文件的后缀名为.js。一旦创建了一个基本的 HTML 页面，你就可以使用 ArcGIS API for JavaScript 按所需的步骤来创建一个基本的地图。

网页的核心是 HTML 文件。对这个基础文件进行编码很重要，因为它组成了应用程序的其余部分。你在基础的 HTML 代码中所犯的错误将会在 JavaScript 代码访问这些 HTML 标签时发生故障。

下面的示例代码是一个非常简单的 HTML 页面。这个例子可以简单地从一个 HTML

页面得到。它仅包含了基本的 HTML 标签——<DOCTYPE>、<html>、<head>、<title>和<body>。使用你偏好的文本或者网页编辑器来键入下列代码。我使用 Notepad++，但是还有其他多种不错的编辑器。保存该示例为 helloworld.html。

```
<!DOCTYPE html PUBLIC "-//W3C//DTD HTML 4.0.1//EN" "http://www.w3.org/TR/
html4/strict.dtd">

<html>
  <head>
    <meta http-equiv="Content-Type" content="text/html;
charset=utf-8">
    <title>Topographic Map</title>

  </head>
  <body>
      Hello World
  </body>
</html>
```

当前使用的 HTML 类型有多种。最新的 HTML5 正备受关注，你将看到很多新应用程序的开发都是基于 HTML5 实现的。因此，我们将在全书中重点关注 HTML5。然而，我也需要让你认识到还有其他种类的 HTML 在使用，最常用的是 HTML4.01（如先前的示例代码）和 XHTML 1.0。

下载示例代码

你可以从你在 http://www.packtpub.com 的账户上下载所有购买自 Packt 书籍的示例代码文件。如果你从其他地方购买本书的话，你可以访问 http://www.packtpub.com/support，并注册来获取以邮件发送给你的文件。

1.1.1 HTML DOCTYPE 声明

你的 HTML 页面的第一行包含了 DOCTYPE 声明。它用来通知浏览器如何来解析这个 HTML 页面。在这本书中我们重点放在 HTML5 上，所以下面的示例中你看到的是 HTML5 的 DOCTYPE 声名。其他常用的两种 DOCTYPE 声明是 HTML4.01 严格和 XHTML 1.0 严格。

HTML 5 使用下面的代码。

```
<!DOCTYPE html>
```

HTML 4.01 严格使用下列代码。

```
<!DOCTYPE html PUBLIC "-//W3C//DTD HTML 4.01//EN" "http://www.w3.org/TR/
html4/strict.dtd">
```

XHTML 1.0 严格使用下列代码。

```
<!DOCTYPE html PUBLIC "-//W3C//DTD XHTML 1.0 Strict//EN" "http://www.w3.
org/TR/xhtml1/DTD/xhtml1-strict.dtd">
```

1.1.2 基本标签

所有的 Web 页面至少要包含<html>、<head>和<body>标签。<html>标签定义了整个 HTML 文档，其他的标签都必须放在该标签内部。定义 Web 页面如何在浏览器中呈现的标签都是放在<body>标签内部的，比如，地图应用程序的<body>标签中要包含一个<div>标签，用作呈现地图的容器。

在浏览器中加载 helloworld.html 页面，如图 1-1 所示。大部分你编写的 ArcGIS API for JavaScript 代码都会放置在<head>和</head>标签之间的<script>标签内或者在一个单独的 JavaScript 文件内部。随着经验的丰富，你可能开始将 JavaScript 代码放置在一个或多个 JavaScript 文件当中，然后从 JavaScript 部分引用它们，稍后我们将研究这个内容。现在只要注意将你的代码放在<head>标签内部即可。

图 1-1　helloworld.html 运行效果

1.1.3 验证 HTML 代码

正如前面提到的那样，正确编写 HTML 标签很重要。你肯定会说这些都是理所当然的啦。然而我们如何知道编写的 HTML 是正确的呢？你可以使用一系列 HTML 代码验证器来检查 HTML。W3C HTML 验证器（http://validator.w3.org/）如图 1-2 所示，你可以通过上传文件或者直接输入 URI 来验证 HTML 代码。

假设你的 HTML 代码已经成功验证的话，你将看到图 1-3 所示的验证成功的屏幕消息。

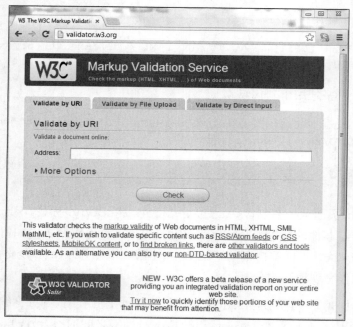

图 1-2　W3C HTML 验证器

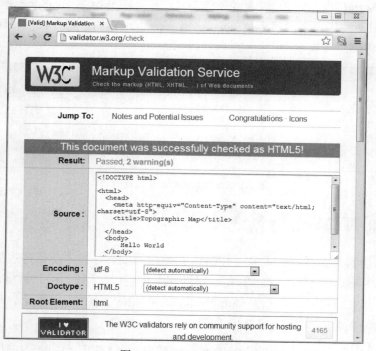

图 1-3　HTML 验证成功

此外，对于发现的任何问题会以红色显示来报告错误信息，然后根据错误描述的细节，我们可以很容易地改正错误，如图 1-4 所示。通常一个错误会导致很多其他错误，因此看到很长的错误项列表的话并不稀奇。如果出现这种情况，请不要慌张，修正一个错误通常会解决很多其他的问题。

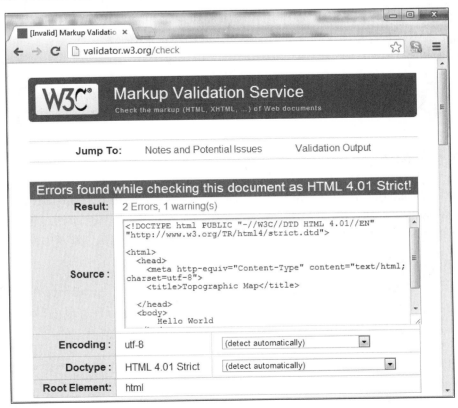

图 1-4　HTML 验证失败

要改正上面文档中出现的错误，你需要将文本 HelloWorld 使用段落标签包裹起来，类似<p>Hello World</p>。

1.2　JavaScript 基础

顾名思义，ArcGIS API for JavaScript 要求你使用 JavaScript 语言来开发应用程序，所以在开始创建应用程序之前你需要了解一些基础的 JavaScript 编程概念。

JavaScript 是嵌入在所有 Web 浏览器中的一个轻量级的脚本语言。虽然 JavaScript 能在浏览器环境之外的其他应用程序中存在，但是众所周知它是和 Web 应用程序集成在一起的。

所有主流的浏览器，包括 Internet Explorer、Firefox 和 Chrome 等都嵌入了 JavaScript。Web 应用程序中使用 JavaScript 可以让我们创建不需要和服务器往返就可以获取数据的动态应用程序的能力，这样应用程序具有响应更加及时和用户交互友好的特性。然而，JavaScript 并不具备提交请求到服务器的能力，其核心技术体现在异步 JavaScript 和 XML（AJAX）堆栈中。

 一种常见的误解是认为 JavaScript 是 Java 的简化版，但两种语言实际上除了名字相似外没有任何关联。

1.2.1 代码注释

在编写 JavaScript 代码时，最佳的做法是使用注释。这些注释最起码要包括代码的作者、最后一版的日期和代码的作用。另外，在代码的各个时期，都应该通过包含注释部分来定义应用程序特定部分的作用。该注释文档的作用是当下次代码需要更新时，能让你或者其他程序员可以进行快速处理。

任何添加到代码中的注释都不会被执行。注释部分会直接被 JavaScript 解释器忽略。JavaScript 中的注释有多种方式，包括单行注释和多行注释。单行注释以//开始，任何你添加的额外字符都要在该行中。下列示例代码显示了单行注释是如何创建的：

```
//this is a single line comment. This line will not be executed
```

JavaScript 中的多行注释以/*开始，以*/结束，其中间的任何一行都是注释的内容，不会被执行。下列示例代码显示的是多行注释：

```
/*
Copyright 2012 Google Inc.

Licensed under the Apache License, Version 2.0 (the "License");
you may not use this file except in compliance with the License.
You may obtain a copy of the License at http://www.apache.org/licenses/
LICENSE-2.0

Unless required by applicable law or agreed to in writing, software distributed
under the License is distributed on an "AS IS" BASIS,
```

1.2.2 变量

使用任何编程语言，对变量的理解都是最基本的要求。变量就是我们用来和某种类型的数据值关联的名字。简单地说，这些变量就是在计算机内存中开辟出来的一块用来存储数据的区域。

你可以将变量理解成一个盒子，它有一个名字并包括某种类型的数据。当初始化这个变量时，它一直为空直到被分配数据。一般地，变量为我们提供了存储和操作数据的能力。

图 1-5 所示为当我们创建一个变量 ssn 时，起初这个变量为空，然后赋值为 450-63-3567。变量的赋值类型有很多种，包括数值型、字符串型、布尔类型、对象类型和数组类型等。

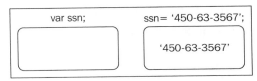

图 1-5 变量赋值

在 JavaScript 中，通过 var 关键字来声明变量。一般地，为变量分配变量名完全取决于你自己。然而，创建一个变量时你需要遵循一些规则。变量可以同时包含字母和数字，但是不能以数字开头，通常变量名以字母或下划线开头。此外，变量名中不允许出现空格和特殊字符，如%和&。除此之外，你可以自由地创建变量名，但是你应当让分配的变量名能描述出数据的意义。使用同一个 var 关键字来声明多个变量也是合法的，如下列代码所示。

```
var i,j,k;
```

你还可以在声明变量的同时对其进行赋值，如下列代码所示。

```
var i = 10;
var j = 20;
var k = 30;
```

你或许已经发现每个 JavaScript 语句都是以分号结束。分号意味着 JavaScript 语句的结束，在 JavaScript 中都应当包括分号。

1.2.3 JavaScript 大小写区分

需要特别强调的是，JavaScript 是一种区分大小写的脚本语言，因此在使用的时候要非常小心，否则会导致代码中出现一些难以跟踪的 bug。所有的变量、关键字、函数和标识符都必须是一串大写字母。JavaScript 区分大小写跟 HTML 不区分大小写常常令人感到混淆，这对于 JavaScript 开发新手来说是一个绊脚石。在下列代码段中，我们创建了三个变量，拼写全部一样。但是，因为它们不是相同的大小写方式，所以最后定义出来的是三个不同的变量。

```
var myName = 'Eric';
var myname = 'John';
var MyName = 'Joe';
```

1.2.4　变量数据类型

JavaScript 支持多种数据类型，你可以使用它们来分配变量。不像其他强类型语言，比如.NET 或者 C++，JavaScript 是一种弱类型语言，意味着你不必为变量指定数据类型，JavaScript 解释器会直接帮你判断。你可以为变量分配字符串、数值、布尔 true/false 值、数组或者对象类型的值。

数值和字符串值大部分都很简单。字符串是通过单引号或者双引号包裹的简单文本，如下列代码所示。

```
varbaseMapLayer = "Terrain";
var operationalLayer = 'Parcels';
```

数值类型不需要使用引号包裹，它可以是整型数或者浮点数。

```
var currentMonth = 12;
var layered = 3;
var speed = 34.35;
```

有一点我要向程序开发新手指出的是，数值类型可以通过使用单引号或者双引号分配给字符串变量。对于一些开发新手来说有时会为此感到困惑。比如，3.14 没有使用单引号或者双引号内是一个数值类型，然而使用了单引号或者双引号，那么它就是一个字符串类型。

其他数据类型包括简单的 true 或 false 值的布尔型。数组是一系列数据值的集合，一个数组基本上可作为多个值的容器。比如，你可以在一个数组内存储地理数据图层名称列表并根据需要单独访问它们。

数组允许在一个单独变量中存储多个值。比如，希望存储所有添加到地图上的图层名称，你可以使用一个数组将所有图层的名称保存在一个单独的变量中，而不需要为每一个图层创建一个变量。然后你在数组中通过使用 for 循环以及一个索引值来引用其中的每个值。下列示例代码显示了一种在 JavaScript 中创建数组的方式。

```
var myLayers = new Array();
myLayers[0] = "Parcels";
myLayers[1] = "Streets";
myLayers[2] = "Streams";
```

你还可以简化上述数组变量的创建方式，使用中括号来包裹通过逗号分割的列表，如下列代码所示。

```
var myLayers = ["Parcels","Streets","Streams"];
```

你可以通过使用索引来访问数组中的元素，如下列代码所示。数组访问是从索引 0 开始的，即数组中的第一项占据第 0 个位置，数组中的每个连续项的索引是依次递增的。

```
var layerName = myLayers[0]; //returns Parcels
```

1.2.5　条件语句

JavaScript 中的 if/else 语句和其他编程语言一样，是一种允许在代码中进行条件选择的控制语句。这种类型的语句在代码段的最顶部执行条件判断，假如判断返回的值是 true，然后跟 if 代码块相关的语句将会执行。假如判断的返回值是 false，则执行跳转到 elseif 代码块中。这种模式将一直进行下去，直到返回一个判断为 true 的值或者执行到达 else 语句。下列示例代码显示了该条件语句是如何执行的。

```
var layerName = 'streets';
if(layerName == 'aerial'){
    alert("An aerial map");
}
else if(layerName == 'hybrid'){
    alert("A hybrid map");
}
else {
    alert("A street map");
}
```

1.2.6　循环语句

循环语句能让我们反复地运行同一代码块。JavaScript 中有两种基本的循环机制。for 循环执行指定次数的代码块。while 循环当条件为 true 时执行代码块，一旦条件变为

false，循环机制将结束。

下列示例代码显示的是 for 循环语法。你会注意到它有一个整型的初始值和条件语句，你还可以提供一个增量，在当前值比最后的值小的条件下，for 循环内部的代码块将被执行。

```
for (start value; condition statement; increment)
{
  the code block to be executed
}
```

下列代码中初始值设置成 0 并赋值给一个名为 i 的变量，条件语句是当 i 小于或者等于 10，然后 i 值每次循环递增 1，使用的是++操作符，每循环一次，打印输出 i 的值。

```
var i = 0;
for (i =0; i <= 10; i++){
    document.write("The number is "+ i);
    document.write("<br/>");
}
```

JavaScript 中的另外一种循环机制是 while 循环，这种循环用在当条件为 true 时执行代码块；一旦条件变为 false，则停止执行循环。while 循环接受一个作为条件判断的参数。如下列代码所示，当 i 小于或者等于 10 时，代码块将被执行。初始条件下，i 被设置成值 0。在代码块的最后，你会注意到 i 递增 1（i = i +1）。

```
var i = 0;
while (i <= 10)
{
    document.write("The number is "+ i);
    document.write("<br/>");
    i = i + 1;
}
```

1.2.7　函数

现在让我们来介绍函数这个重要主题。函数是简单命名的代码块，在调用时被执行。在本书中你编写的和开发工作中的大部分代码都会用到函数。

最佳实践是将代码分割成按照细小的离散单元进行操作的函数。这些代码块通常定义在 Web 页面的<head>中的<script>标签内，也可以定义在<body>中。然而，大多数情况下，还是将函数定义在<head>中，以保证页面加载后能找到这些函数。

函数通过使用关键字 `function` 后面跟上函数名称来创建，所需的任何变量可以作为参数传递到函数中执行。如果事件调用代码中有返回值的话，需要使用 `return` 关键字来返回数据。

函数还可以接受参数变量来传递信息到函数中。下列代码中，函数 `prod()` 传递两个变量：`a` 和 `b`。以变量形式的参数信息，可以在函数内部使用。

```
var x;
function multiplyValues(a,b)
{
    x = a * b;
    return x;
}
```

1.2.8 对象

现在我们已经掌握了一些基本的 JavaScript 概念，我们将在这部分介绍最重要的概念。为了能更有效地使用 ArcGIS API for JavaScript 进行地图应用程序开发，你需要对对象有一个基本的理解。因此，对象是一个需要你了解和掌握如何进行 Web 地图应用程序开发的关键概念。

ArcGIS API for JavaScript 中广泛使用对象。我们将详细讲述编程类库的细节，但是现在我们主要针对高级概念进行介绍。对象是一个复杂的结构，能够将多个数据值和行为统一到一个单独的结构中。对象和先前的数据类型比如数值型、字符串型和布尔型有着很大的不同，那些类型仅能够保存一个单值，而对象则有着更复杂的结构。

对象由数据和行为组成。数据以属性形式包含对象信息。比如，ArcGIS API for JavaScript 中的 Map 对象有一系列的属性，包括地图范围、与地图相关的图形、地图的高度和宽度、与地图相关的图层 ID 和其他属性，这些属性包含了该对象的信息。

对象也有行为，也就是我们常说的方法，我们也可以将构造函数和事件组合到方法中。map 中方法的行为包括添加图层、设置地图范围或者获取地图比例尺。

构造函数是用来创建对象新实例的函数。一些对象还可以传递参数到构造函数中来获得创建对象的更多控制。下列示例代码显示的是创建 Map 对象新实例的构造函数是如何使用的。你可以看出这是一个构造函数，因为此处使用了醒目的 `new` 关键字。`new` 关键字跟在对象名后面，在为对象定义构造函数时可以使用任意参数来控制该新对象。这种情况下，我们创建一个新的 Map 对象并存储在一个名为 map 的变量中。三个参数传递到构造函数中用来控制 Map 对象的某些属性，包括底图、地图中心和缩放尺度。

```
var map = new Map("mapDiv",{
  basemap:"streets",
```

```
  center:[-117.148,32.706],//经度和纬度
  zoom:12
});
```

事件是发生在对象上的行为，通过最终用户或者应用程序触发。这些事件包括地图单击、鼠标移动或添加图层到地图上。

属性和方法是通过点符号来分割对象实例的名字与属性或方法的。数据可以通过使用参数传递到方法中。下列代码第一行中，我们传递一个名为 pt 的变量到 map.centerAt(pt) 方法中。

```
var theExtent = map.extent;
var graphics = map.graphics;
```

方法也是类似的情况，只不过方法名后面还有括号。数据可以通过使用参数传递到方法中。下列代码第一行，我们传递一个名为 pt 的变量到 map.centerAt(pt) 中。

```
map.centerAt(pt);
map.panRight();
```

1.3　CSS 基本原则

级联样式表（CSS）是描述网页中 HTML 元素如何显示的一门语言。例如，CSS 通常用来定义一个或多个页面中的常见的样式元素，比如字体、背景颜色、字体大小、链接颜色和其他多种与网页视觉设计相关的方面。让我们看下面的代码片段。

```
<style>
  html, body {
    height: 100%;
    width: 100%;
    margin: 0;
    padding: 0;
  }

  #map{

    padding:0;
    border:solid 2px #94C7BA;
    margin:5px;
  }
  #header {
```

```
      border: solid 2px #94C7BA;
      padding-top:5px;
      padding-left:10px;
      background-color:white;

      color:#594735;

      font-size:14pt;
      text-align:left;
      font-weight:bold;
      height:35px;
      margin:5px;
      overflow:hidden;
    }
    .roundedCorners{
      -webkit-border-radius: 4px;
      -moz-border-radius: 4px;
      border-radius: 4px;
    }
    .shadow{

      -webkit-box-shadow: 0px 4px 8px #adadad;
      -moz-box-shadow: 0px 4px 8px #adadad;
      -o-box-shadow: 0px 4px 8px #adadad;
      box-shadow: 0px 4px 8px #adadad;
    }
</style>
```

1.3.1　CSS 语法

CSS 遵循特定的规则来定义选择哪种 HTML 元素和如何设计元素。CSS 规则包括两个主要部分：一个选择器和一个或多个声明。选择器就是典型的需要样式化的 HTML 元素。图 1-6 中，选择器是 p。HTML 中<p>元素代表一个段落。CSS 规则中的第二个部分包括一个或多个声明，它们每一个都由一个属性和值构成。属性代表需要改变的样式属性。在我们的例子中，设置 color 属性为 red。实际上，该 CSS 规则定义了段落中的所有文本颜色是红色的。

我们使用 p{color:red;}，如图 1-6 所示。

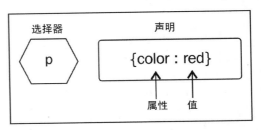

图 1-6　CSS 语法

下列示例中 CSS 规则包括多个声明。声明总是使用花括号括起来，每个声明以分号结束。此外，属性和值之间使用冒号。在这个特殊例子中，使用了两个定义：一个是段落的颜色，另一个是段落的文本对齐方式。请注意声明是通过分号进行分割的。

```
p {color:red; text-align:center}
```

CSS 注释用来解释代码，你应该养成和任何其他编程语言中一样为 CSS 代码进行注释的习惯，且注释通常会被浏览器忽略。注释以斜线后跟一个星号开始，以星号后面跟斜线结束，其中的所有内容都是注释，将会被忽略。

```
/*
h1 {font-size:200%;}
h2 {font-size:140%;}
h3 {font-size:110%;}
*/
```

此外，为特定的 HTML 元素指定选择器，你可以使用 id 选择器来为任何与 id 选择器匹配的任意 HTML 元素的 id 值来定义样式。id 选择器在 CSS 中是通过井号（#）后面跟 id 值定义的。

比如，在下列示例代码中，你看见三个 id 选择器：rightPanel、leftPanel 和 map。在 ArcGIS API for JavaScript 应用程序中，总是会有一个 map。当你定义<div>标签来作为 map 的容器时，定义一个 id 选择器，并通常赋值成 map。在这种情况下，我们使用 CSS 来为地图定义多种样式，包括 5 像素的间距及特定颜色的实心样式边框和边框的弧度，如图 1-7 所示。

```
#rightPanel {
    background-color:white;
    color:#3f3f3f;
    border: solid 2px #224a54;
    width:20%;
}
#leftPanel {
    margin: 5px;
    padding :2px;
    background-color:white;
    color:#3f3f3f;
    border:solid 2px #224a54;
    width:20%;
}
#map {
    margin:5px;
    border: solid 4px #224a54;
```

```
    -mox-border-radius:4px;
}
```

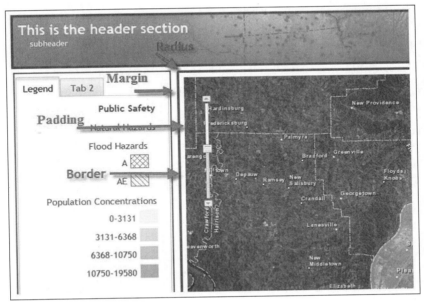

图 1-7　地图 CSS 样式说明

不同于 `id` 选择器专门为单个元素设置样式，类选择器可以为一组元素指定样式，它们都有相同的 HTML 类属性。类选择器通过.后面跟类名字来定义。你也可以指定受影响的样式只有特定的 THML 元素和专门的类。下列代码显示了这两种情况下的例子。

```
.center {text-align:center;}
p.center {text-align:center;}
```

你的 HTML 代码可以用下列方式引用类选择器。

```
<p class="center">This is a paragraph</p>
```

有三种方式可以将 CSS 插入到你的应用程序中：行内样式、内嵌样式和链接样式。

1.3.2　行内样式

第一种定义 HTML 元素的 CSS 规则方法是使用行内样式。但是我们不推荐使用这种方式，因为它和呈现层混杂在一起很难维护。只有在需要定义一组有限范围内 CSS 规则的情况下，才选择这种方式。使用行内样式，仅需将 `style` 属性放置在指定的 HTML 标签内部。

```
<p style="color:sienna;margin-left:20px">This is a paragraph.</p>
```

1.3.3 内嵌样式

内嵌样式将所有的 CSS 规则应用到指定的 Web 页面中。只有那个专门页面中的 HTML 元素才能访问到样式规则。这里所有的 CSS 规则都定义在<head>标签之间并且包裹在 <style>标签内，如下列代码所示。

```
<head>
    <style type="text/css">
        hr { color:sienna; }
        p { margin-left:20px; }
        body { background-image:url("images/back40.gif"); }
    </style>
</head>
```

1.3.4 链接样式

链接样式就是一个简单的包括了 CSS 规则并保存成一个后缀名为.css 的文本文件。通过使用 HTML 中的<link>标签可以将该文件链接到所有需要引用样式的 Web 页面中。这是一种用于将样式与主要的 Web 页面进行分离的常用方法。使用单独的链接样式能让我们拥有改变整个网站外观的能力。

现在让我们将重点放在级联样式表的级联部分上。你已知道，样式可以定义为链接样式、内嵌样式和行内样式。还有第四种样式我们没有讨论到，那就是浏览器默认样式，但这是你无法控制的。在 CSS 中，行内样式拥有最高权限，也就是说它将覆盖内嵌样式和链接样式或者浏览器样式。假如没有定义行内样式，内嵌样式中的任何样式规则将会优先于链接样式中定义的规则。这里需要说明的是，如果一个链接样式的引用放置在 HTML<head>内嵌样式之后，链接样式将会覆盖内嵌样式。

是不是太多而难以记住？只要记住，底层的样式规则将覆盖样式规则层次结构中较高的即可，如图 1-8 所示。

这些都是你需要理解的一些 CSS 基本

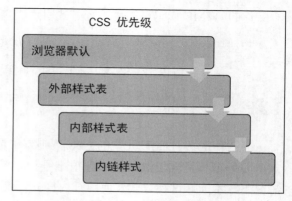

图 1-8 CSS 优先权重

概念。你可以使用 CSS 来定义几乎任何网页的样式，包括背景、文字、字体、链接、列表、图像、表格、地图和其他任何可见的对象。

1.4 分离 HTML、CSS 和 JavaScript

你可能在想所有这些代码都放在什么位置，将所有的 HTML、CSS 和 JavaScript 代码放在同一个文件中或者将它们分割成单独的文件？对于非常简单的应用程序和示例来说，将所有代码放到一个后缀名为 .html 或 .htm 的文件中也很常见。在这种情况下，CSS 和 JavaScript 代码放置在 HTML 页面的<head>部分。然而，首选方式是使用代码栈创建应用程序来分离内容和行为的表现形式。应用程序的用户界面应该驻留在一个只包含用于定义应用程序部分的内容以及任何 CSS（呈现）或 JavaScript（行为）的 HTML 页面中。最终的结果是一个 HTML 页面和一个或多个 CSS 和 JavaScript 文件。这将形成一个图 1-9 所示的文件夹结构，里面包括一个名为 index.html 的文件和几个包括 CSS、JavaScript 和其他资源（比如图像）的文件夹。css 和 js 文件夹将包含一个或多个文件。

图 1-9　网页构成

CSS 文件通过使用<link>标签链接到 HTML 页面中。如下列代码所示，你将看到如何通过使用<link>标签来引入 CSS 文件。链接 CSS 文件应该放在 HTML 页面的<head>标签内。

```
<!DOCTYPE html>

<html>
  <head>
    <title>GeoRanch Client Portal</title>
    <meta name="viewport" content="initial-scale=1.0, user-scalable=no"/>
    <link rel="stylesheet" href="bootstrap/css/bootstrap.css">
  </head>
  <body>
  </body>
</html>
```

如下列代码所示，JavaScript 文件通过<script>标签引入到 HTML 页面中。这些<script>标签放置在 Web 页面的<head>标签内部，如下列 ArcGISAPI 参考引用的 JavaScript 代码或者靠近页面结束在</body>标签结束之前的 creategeometries.js 文件。推荐引入 JavaScript 文件到靠近</body>标签结束的地方，因为当浏览器下载 JavaScript 文件时，它们不会下载任何东西直到下载完成。这可以使它看起来像应用程序那样加载缓慢。

JavaScript 类库中推荐在头部添加<script>标签，比如 Dojo 通过 body 中的 HTML 元素交互解析，这就是在头部加载 ArcGIS API for JavaScript 的原因。

```
<!DOCTYPE html>
<html>
  <head>
    <title>GeoRanch Client Portal</title>
    <meta name="viewport" content="initial-scale=1.0, user-scalable=no">
    <script src="http://js.arcgis.com/3.7/"></script>
  </head>
  <body>
    <script src="js/creategeometries.js"></script>
  </body>
</html>
```

通过将代码分成几个文件，允许代码完全分离，这样也就易于维护。

1.5　总结

在我们开始详细讨论 ArcGIS API for JavaScript 之前，你需要理解一些基本的 HTML、CSS 和 JavaScript 概念。本章目的就在于此，但你仍需要继续学习与这些主题相关的其他内容。到目前为止，你尚需掌握的内容还有很多。

应用程序展示是通过开发代码中的 HTML 和 CSS 来定义的，而应用程序中的功能是通过 JavaScript 进行控制的。这些都是非常不同的技能集合，很多人只擅长其中的一个，对于其他的就未必擅长了。大多数应用程序开发人员将重点放在通过 JavaScript 开发应用程序的功能上，而把 HTML 和 CSS 留给了设计人员。然而，对所有这些主题的基本概念方面有良好的理解也是很重要的。在下一章中，我们将深入探讨 ArcGIS API for JavaScript 并开始学习如何创建地图对象、添加动态和切片地图服务图层到地图中。

第 2 章
创建地图和添加图层

通过前一章的学习，我们已经掌握了关于 HTML、CSS 和 JavaScript 的一些基础知识。接下来我们将正式开始学习如何去创建一些很好的 GIS Web 应用程序。在本章中，我们将会为大家介绍关于如何创建地图并在地图上添加图层形式信息的一些基础概念。

本章中将包含如下主题。

◆ ArcGIS API for JavaScript 沙盒。

◆ 使用 ArcGIS API for JavaScript 创建应用程序的基本步骤。

◆ 更多关于地图的介绍。

◆ 使用地图服务图层。

◆ 切片地图服务图层。

◆ 动态地图服务图层。

◆ 地图导航。

◆ 使用地图范围。

2.1 简介

当学习一门新的编程语言或者**应用程序编程接口（API）**的时候，我们总要有一个起点。使用 ArcGIS API for JavaScript 创建 Web 地图应用程序亦是如此。你不仅需要理解一些基本的 JavaScript 概念，还需要掌握 HTML、CSS，当然还包括建立在 DojoJavaScript 框架之上的 ArcGIS API for JavaScript。这些知识一下摆在你面前确实有点多，所以在本章我将带领你创建一个为后续章节做铺垫的非常基础的应用程序。模仿是学习编程技巧的最佳方法，所以在本章中，你需要将自己看到的用代码写出来，同时我会给出一些解释说明，并在后面章节中将保存这些代码的详细描述。

为了让你对 ArcGIS API for JavaScript 有一个初步的了解，在本章中我们需要创建一个简单的地图应用程序，即创建一个地图，添加一些数据图层并提供一些基本的地图导航功能。

使用 ArcGIS API for JavaScript 创建任何 Web 地图应用程序都必须遵循一些基本的步骤。在本章中，因为你是第一次看到这里的每一步骤，后面的部分我们将用大篇幅来介绍它们。当你每次使用 ArcGIS API for JavaScript 创建一个新的应用程序时，都必须按照这些基本步骤来操作。刚开始创建一个应用程序时，你会认为这些步骤有一点陌生奇怪，但是渐渐地你会懂得它们是做什么的以及为什么它们是必需的。在后续每个应用程序中你可以将这些步骤理解成一个模板。

现在让我们开始吧！

2.2   ArcGIS API for JavaScript 沙盒

在本书中，我们将在 ArcGIS API for JavaScript 沙盒中编写和测试代码。关于沙盒的介绍可以访问 http://developers.arcgis.com/en/javascript/sandbox/sandbox.html，其网页加载显示的内容如图 2-1 所示。你可以在左侧面板中编写代码，然后单击 **Run** 按钮，右侧面板中将会显示结果。

图 2-1   沙盒显示结果

2.3 使用 ArcGIS API for JavaScript 创建应用程序的基本步骤

使用 ArcGIS API for JavaScript 创建任何 GIS 地图应用程序，都需要遵循一些步骤。假如想让地图成为应用程序的一部分，那么就需要你按照这些步骤来执行。在阅读本书时，我很难想象你不按照这些步骤来做会遇到怎样糟糕的情况。简而言之，你需要遵循以下步骤。

1. 创建页面 HTML 代码。

2. 引用 ArcGIS API for JavaScript 和样式表。

3. 加载模块。

4. 确保 DOM 可用。

5. 创建地图。

6. 定义页面内容。

7. 页面样式。

这里仅仅是一个必需步骤的简短描述，我们将在接下来的介绍中对每个步骤进行详细说明。

2.3.1 创建 Web 页面 HTML 代码

在前面章节中，你已经掌握了 HTML、CSS 和 JavaScript 的基础概念。现在我们就来将这些技术应用到实际开发示例中去。首先你需要创建一个简单的 HTML 文档作为最终的地图容器。当我们开始使用 ArcGIS API for JavaScript 沙盒时，这些步骤就已经为你准备好了。但是，我想让你花点时间去看这些代码，从而能更好地掌握这些概念。在沙盒的左侧面板中，你看到下列示例中加粗显示的代码是引用自 Web 页面中基本的 HTML 代码，当然这里也有一些其他的 HTML 和 JavaScript 代码，但是下列代码构成一个 Web 页面的基本组成部分。这段代码包括几个基本的标签，包括`<html>`、`<head>`、`<title>`、`<body>`等。

```
<!DOCTYPE html>
<html>
<head>
  <title>Create a Map</title>
  <meta http-equiv="Content-Type" content="text/html;charset=utf-8">
  <meta name="viewport" content="initial-scale=1,maximum-scale=1,user-
```

```
scalable=no">
      <link rel="stylesheet" href="http://js.arcgis.com/3.7/js/dojo/dijit/
themes/claro/claro.css">
      <link rel="stylesheet" href=" http://js.arcgis.com/3.7/js/esri/css/
esri.css">
      <style>
        html,body,#mapDiv{
          padding:0;
          margin:0;
          height:100%;
        }
      </style>

    <script src="http://js.arcgis.com/3.7/"></script>
    <script>
      dojo.require("esri.map");

      function init(){
        var map = new esri.Map("#mapDiv",{
          center:[-56.049,38.485],
          zoom:3,
           basemap:"streets"
        });
      }
      dojo.ready(init);
      </script>

  </head>
  <body class="claro">
    <div id="mapDiv"></div>
  </body>
  </html>
```

2.3.2 引用 ArcGIS API for JavaScript

使用 ArcGIS API for JavaScript 进行开发时，必须要添加样式和 API 引用。在沙盒中，下列几行代码已经添加到了<head>标签内部。

```
<link rel="stylesheet" href="http://js.arcgis.com/3.7/js/esri/css/esri.css">

<script src="http://js.arcgis.com/3.7/"></script>
```

<script>标签加载的是 ArcGIS API for JavaScript。在编写本章时，它的当前版本是

3.7。当一个新版本的 API 发布的时候，你需要相应地修改这个数字。<link>标签加载的是 esri.css 这个 ESRI 工具和组件的特定样式。

你可以选择性地添加一种 DojoDijit 主题样式。ArcGIS API for JavaScript 是直接建立在 DojoJavaScript 框架上的。Dojo 包括 Claro、Tundra、Soria 和 Nihilo 这四个预先定义的主题，它们用于控制添加到应用程序中的用户界面工具的外观样式。下列代码示例引用了 Claro 主题样式。

```
<link rel="stylesheet" href="http://js.arcgis/com/3.7/js/dojo/dijit/themes/claro/claro.css">
```

其他样式可以参考下列示例代码进行引用，当然你也可以不引用任何一种样式。但是假如你添加 Dojo 用户界面组件（Dijits），你就需要通过加载其中的一种样式来控制组件的外观。

```
<link rel="stylesheet" href="http://js.arcgis.com/3.7/js/dojo/dijit/themes/tundra/tundra.css">
    <link rel="stylesheet" href="http://js.arcgis.com/3.7/js/dojo/dijit/themes/nihilo/nihilo.css">
    <link rel="stylesheet" href="http://js.arcgis.com/3.7/js/dojo/dijit/themes/soria/soria.css">
```

你可以使用网站 www.dojotoolkit.org 中提供的主题测试器来感受一下每一个主题是如何影响用户界面组件的。样式测试器的地址为 htpp://archive.dojotoolkit.org/nightly/dojotoolkit/dijit/themes/themeTester.html，图 2-2 所示的是 Dijit 主题测试器的界面。

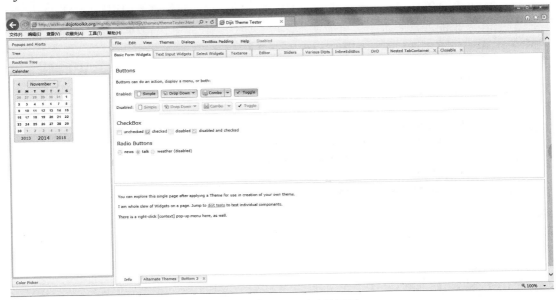

图 2-2　Dijit 主题测试器界面

2.3.3 加载模块

在创建地图对象之前，必须首先通过使用一个名为 require() 的函数来完成对地图资源的引用。

过时或者 AMD Dojo

无论是使用过时的 Dojo 还是使用新的 AMD，对于大多数开发者来说都是一件沮丧的事情。**异步模型定义（AMD）**是在 1.7 版本的 Dojo 中产生的。ArcGIS API for JavaScript3.4 是使用新的 AMD 方式进行所有模块重写后的第一个版本。过时的遗产和 AMD 方式都可以使用，但是建议在编写任何一个新的应用程序时都使用新的 AMD 方式。在本书中，我们要遵守这个规定，但是我们还要意识到在 3.4 版本的 API 发布之前编写的应用程序和一些 ESRI 示例仍然是以老版的代码风格呈现的。

在 Web 页面中使用 require() 函数来导入资源时，ArcGIS API for JavaScript 提供了很多种资源，其中包括 esri/map 这个在创建地图或者使用 Geometry、Graphic 和 Symbols 之前必须用到的资源。一旦提供了资源的引用，你就可以使用 Map() 构造函数来创建地图。下面是如何在沙盒中运行代码的要点。

◆ 在向沙盒中添加代码之前，最好先移除下列加粗显示的代码，删除的代码是使用 ArcGIS API for JavaScript 过时的方式编写的。以后我们打算使用新的 AMD 方式，在未来的沙盒版本中，可能就不需要删除这些代码了，希望 ESRI 会最终将这个基本代码块迁移到更新的 AMD 方式上去。

```
<script>
    dojo.require("esri.map");

    function init(){
      var map = new esri.Map("mapDiv",{
        center:[-56.049,38.485],
        zoom:3,
        basemap:"streets"
      });
    }
    dojo.ready(init);
</script>
```

◆ 导入的资源需要包括在一个新的<script>标签内。添加下列加粗显示行的代码到沙盒中的<script>标签内，require()函数中的参数名称可以按照你的习惯命名，但是无论是 Esri 还是 Dojo 都提供了一系列首选参数。我建议大家在向 require 回调函数中命名参数的时候使用 Esri 的首选参数。类似地，Dojo 也有一系列首选参数别名。例如，在下列添加的代码中，我们提供了 esri/map 资源的引用，然后在内部的匿名函数中，又提供了一个 Map 的首选参数。在 require() 函数中引用的每一个资源都有一个相应的参数用于提供访问到该资源对象。

```
<script>
  require(["esri/map","dojo/domReady!"],function(Map){

  });

</script>
```

2.3.4 确保 DOM 可用

当一个网页加载时，所有组成页面的 HTML 元素都被加载并且解析。这就是大家熟知的**文档对象模型**（DOM），它能保证 JavaScript 不能访问到网页上的任何元素直至所有的网页元素都被加载完毕。假如你的 JavaScript 代码试图去访问一个还没有加载的网页元素，就很明显会报错。为了避免这种情况的发生，Dojo 中有一个 ready() 函数，可以将其包括在 require() 函数中，它仅会在 HTML 元素和任何模块加载之后才会执行。

另一种方法是你可以使用 dojo/domReady! 插件去保证所有的 HTML 元素都被加载。在这个练习中我们将使用第二种方法。

在先前的代码当中，我们已经使用 dojo/domReady! 插件并且将其添加到了 require() 函数中。

虽然可以直接添加 JavaScript 代码到基本的 HTML 文件中，但是更好的办法是创建一个单独的 JavaScript 文件（后缀名为 .js）。本书为了简单起见，大部分代码都是直接写在了 HTML 文件内，但是当应用程序变得庞大且复杂的时候，希望你遵循将 JavaScript 代码写在一个单独的文件中的原则。

2.3.5 创建地图

创建一个新的 Map 地图是通过 esri/map 这个先前步骤中所引入模块中的 Map 类来

实现的。在 require() 函数内部，使用构造函数来创建一个新的 Map 对象。Map 对象的构造函数中接收两个参数，第一个是在 Web 页面上用于承载地图的<div>标签的引用，还有一个是可选参数，其作用是定义各种地图加载选项。这个可选项被定义成一个包括一系列键/值对的 JSON 对象。

可能最常见的选项是 basemap，通过它你可以从 ArcGIS.com 中选择一个预先定义的 basemap，包括：streets、satellite、hybrid、topo、gray、oceans、national-geographic 或 osm。zoom 选项用来定义地图初始缩放级别，它是一个整数对应一个预先定义的缩放范围等级。minZoom 和 maxZoom 选项分别定义地图最小和最大范围缩放等级。center 选项定义初始显示地图时显示的中心点，这个点是一个 Point 对象，包括一个经度/纬度坐标值对。当向 Map 对象的构造函数中传递参数时，还有一些其他的额外选项。

首先，我们创建一个全局的变量 map 以及 require() 函数，添加下列加粗显示的代码行。

```
<script>
    var map;
    require(["esri/map", "dojo/domReady!"], function(Map) {
    });
</script>
```

添加下列加粗代码到 require() 函数中，这些代码是新的 Map 对象的构造函数。传递到该构造函数中的第一个参数是承载地图的<div>标签的 ID 引用，我们到现在还没有定义这个<div>标签，但是在下面步骤中很快就会定义。第二个传递到构造函数中的参数是一个 JSON 对象，包括地理坐标的可选项，如地图中心、缩放级别和 topo 基础地图。

```
basemap.require(["esri/map", "dojo/domReady!"], function(Map) {
    map = new Map("mapDiv", {
        basemap: "topo",
        center: [-122.45,37.75], // long, lat
        zoom: 13,
        sliderStyle: "small"
    });
});
```

2.3.6　创建页面内容

最后的一个步骤是创建用来承载地图容器的 HTML<div>标签，你需要为这个<div>标签分配一个唯一的 ID 编号，这样 JavaScript 代码就能引用到它。在沙盒中这个<div>标签已经创建好了，唯一标识符为 mapDiv，如下列加粗代码行所示。另外，还需要为<body>

标签定义一个类属性，它应该引用你引入的 dojo 样式表。在下列代码中，你可以看到<body>
标签已经在沙盒中创建了并且完成了先前的两个步骤。

```
<body class="claro">
   <div id="mapDiv"></div>
</body>
```

2.3.7 页面样式

你可以向<head>标签中添加样式信息来为 Web 网页定义各种样式。在这个例子中，
样式已经在沙盒中为你创建好了，如下列代码所示。本例中的样式包括设置地图，以适应
整个浏览器窗口。

```
<style>
   html, body, #mapDiv {
      padding:0;
      margin:0;
      height:100%;
   }
</style>
```

2.3.8 完整代码

这个简单例子的完整代码应该是这样的。

```
<!DOCTYPE html>
<html>
  <head>
    <meta http-equiv="Content-Type" content="text/html; charset=utf-8">
    <meta http-equiv="X-UA-Compatible" content="IE=7, IE=9, IE=10">
    <meta name="viewport" content="initial-scale=1, maximum-scale=1,user-
scalable=no">
    <title>Simple Map</title>
    <link rel="stylesheet"
    href="http://js.arcgis.com/3.7/js/esri/css/ esri.css">
    <link rel="stylesheet" href="http:/js.arcgis.com/3.7/js/dojo/dijit/
themes/claro/claro.css">
    <style>
      html, body, #map {
         height: 100%;
         width: 100%;
         margin: 0;
```

```
      padding: 0;
    }
  </style>
  <script src="http://js.arcgis.com/3.7/"></script>
  <script>
    var map;

    require(["esri/map", "dojo/domReady!"], function(Map) {
      map = new Map("map", {
        basemap: "topo",
        center: [-122.45,37.75], // long, lat
        zoom: 13,
        sliderStyle: "small"
      });
    });
  </script>
</head>

<body class="claro">
  <div id="map"></div>
</body>
</html>
```

通过单击 **Run** 按钮来运行代码，假如代码一切正常的话，你可以看到如图 2-3 所示的
输出结果。

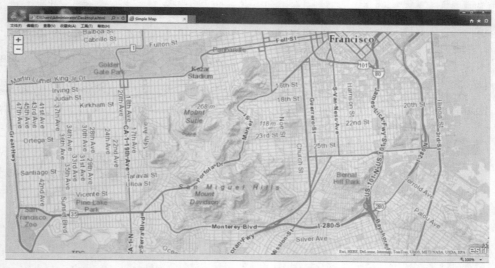

图 2-3   使用 ArcGIS API for JavaScript 创建应用程序的运行结果

2.4 更多关于地图的介绍

在前面的内容中，我们已经介绍了使用 ArcGIS API for JavaScript 创建每一个应用程序所需要遵循的步骤。你已经学会了如何创建一个初始化的 JavaScript 函数。初始化脚本的目的是为了创建地图、添加图层和执行任何让应用程序启动时必需的安装程序。在本节中创建一个地图是你需要完成的一个任务，我们还将更加详细地讲述已创建 Map 类实例中的各种选项。

在面向对象编程语言中，创建一个类的实例常常是通过构造函数来完成的。构造函数是一个函数，用于创建或初始化一个新的对象。在这种情况下，构造函数被用来创建一个新的 Map 对象。在初始化一个对象状态时构造函数通常有一个或多个参数。

Map 构造函数有两个参数，包括承载地图的容器和各种地图选项。然而，在调用这个构造函数创建地图时，必须首先引入 esri/map 为地图提供资源。一旦提供了引用的资源，你就可以使用该构造函数去创建地图。<div>的 ID 是构造函数中必需的参数，它用于指定地图容器。另外，你还可以传递多个可控制地图多个方面的选项，包括 basemap 图层、初始地图中心显示、导航控制显示、在平移过程中的 graphic 显示、进度条控制、细节层次等。

让我们更详细地了解在 map 构造函数中这些选项是如何指定的。构造函数中第二个参数选项通常是封闭在花括号内的。这里定义了 JSON 对象的内容。在花括号内部，每个选项有一个指定的名字，然后是一个冒号，后面是控制这个选项的数据值。在需要提交多个选项的构造函数事件中，每个选项通过逗号进行分割。下列示例代码显示了选项是如何添加到 Map 构造函数中的。

```
var map = new Map("mapDiv", {
  center: [-56.049, 38.485],
  zoom: 3,
  basemap: "streets"
});
```

在这个例子中，我们定义地图坐标选项可让地图居中，还有一个缩放级别和一个 streets 地图图层。这些选项是通过缩进的花括号，并且通过逗号进行分割的。

2.5 使用地图服务图层

一幅没有数据图层的地图就像一个画家的空白画板一样。添加到地图中的数据图层让其有意义并为分析奠定了基础。提供数据图层添加到地图中主要有两种类型的地图服务：动态地图服务图层和切片地图服务图层。

　　动态地图服务图层在运行时创建地图图片并引用地图服务，然后返回图片到应用程序中。这种类型的地图服务或许由一个或多个图层信息构成。图 2-4 所示为 Demograhpics 地图服务，它由九个不同的图层构成，分别从不同地理层次代表 Demographic 信息。

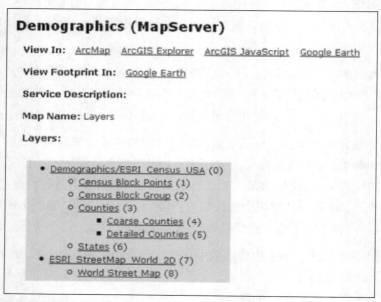

图 2-4　Demographics 地图服务

　　客户端应用程序显示将花费更多时间，因为它们必须是动态生成的，所以动态地图服务层服务比切片地图服务图层拥有更多功能。在动态地图服务图层中，你可以通过控制图层定义显示的特征，设置地图服务中各图层的可见性并定义图层的瞬时信息。例如，在前面的图中描述的 **Demographics** 地图服务图层，你可以选择在你的应用程序中只显示 **Census Block Group** 图层。这是一种通过动态地图服务图层提供的功能，而在切片地图服务图层中则没有这样的功能。

　　切片地图服务图层引用的是一个预先定义好的地图切片缓存而不是动态加载的图片。用最简单的方法来理解切片地图服务，就是将它认为是覆盖在地图表面的网格。网格中的每一个单元格同样大小，用来将地图分割成单独的图片文件，从而成为切片。单个的切片是服务器上存储的图像文件，当需要的时候根据地图范围和比例尺来检索。在不同的地图比例尺下，这个过程会重复执行。当地图在应用程序中显示时，虽然地图由很多单独的切片构成，但是它们看起来是无缝拼接的，如图 2-5 所示。

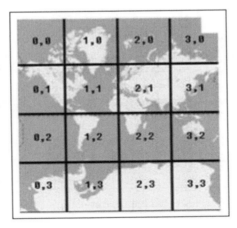

图 2-5　切片图构成

这些切片或者缓存地图图层通常用作底图，包括影像图、街道图、地形图或者不常发生变化的数据图层。切片地图服务显示速度更快，因为每次运行时向地图发送一个请求而并无创建图片的开销。

操作图层常覆盖在切片地图上面，这些图层通常为动态图层。虽然它们在执行时慢一点，但是动态地图服务图层有着在运行时仍可以定义外观的优势。

2.5.1　使用图层类

使用 ArcGIS APIforJavaScript 中的图层类，可以引用宿主在 ArcGIS Server 和其他地图服务器中的地图服务。所有的图层类继承自 Layer 这个基类。由于 Layer 类没有构造函数，所以你不可以专门针对这个类来创建一个对象。你可以简单地通过继承自 Layer 的子类来定义属性、方法和事件。

如图 2-6 所示，DynamicMapServiceLayer、TiledMapServiceLayer 和 GraphicsLayer 全部继承自 Layer 类。DynamicMapServiceLayer 和 TiledMapServiceLayer 也可以作为基类。DynamicMapServiceLayer 是动态地图服务的基类，TiledMapServiceLayer 是切片地图服务的基类。第 3 章 "添加图形到地图" 完全使用图形和 GraphicsLayer，所以我们将在本书后面部分讨论这种类型的图层。Layer、DynamicMapServiceLayer 和 TiledMapServiceLayer 都是基类，所以在应用程序中不可以从这些类中指定创建一个对象。

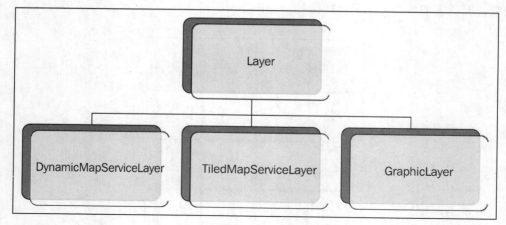

图 2-6 Layer 类

2.5.2 切片地图服务图层

如前面部分提到的那样,切片地图服务图层引用预先定好的图片缓存切片拼接在一起显示一幅无缝的地图,它通常用作底图。

如图 2-7 所示,ArcGISTiledMapServiceLayer 类使用在当引用 ArcGIS Server 暴露的切片(缓存)地图服务时。这种类型的对象使用已经缓存过的切片地图集合,所以性能得以改善。ArcGISTiledMapServiceLayer 构造函数接收 URL 指针指向地图服务,以及一些允许为地图服务指定 ID 和控制其透明度与可见性的选项。

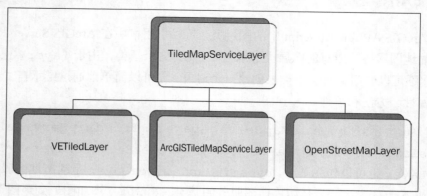

图 2-7 TiledMapServiceLayer 类

如下列示例代码,注意 ArcGISTiledMapServiceLayer 构造函数接收一个引用地图服务的参数。当一个图层的实例创建后,调用接收一个包含引用切片地图服务图层的变

量到 `Map.addLayer()` 方法中并添加到地图上。

```
var basemap = new ArcGISTiledMapServiceLayer("http://server.arcgisonline.
com/ArcGIS/rest/services/World_Topo_Map/MapServer");
map.addLayer(basemap);
```

`ArcGISTiledMapServiceLayer` 主要用来快速显示缓存的地图数据。你还可以控制显示数据的层级。比如，你想展示广义的 `ArcGISTiledMapService` 的数据，当用户放大到 0～6 级别时显示州际公路和高速公路，一旦用户进一步放大就切换到更详细的 `ArcGISTiledMapService`。你还可以控制添加到地图上的每个图层的透明度。

2.5.3 动态地图服务图层

顾名思义，如图 2-8 所示，`ArcGISDynamicMapService` 类用来动态创建 ArcGIS Server 地图服务。和 `ArcGISTiledMapServiceLayer` 一样，`ArcGISDynamicMapServiceLayer` 的构造函数接收一个指向地图服务的 URL 和一些参数选项用来为服务分配一个 ID、设置地图图片的透明度和图层初始可见性选项为 `true` 或者 `false`。`ArcGISDynamicMapServiceLayer` 的类名有时有误导性。虽然看上去是引用一个单独的数据图层，但实际上不是。它指的是一个地图服务而不是一个数据图层。地图服务内部的单个图层可以通过 `setVisibleLayers()` 方法来打开或者关闭。

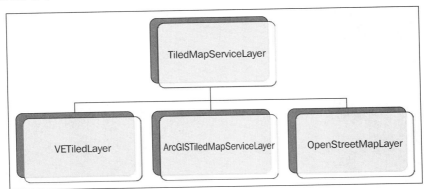

图 2-8 DynamicMapServiceLayer 类

创建一个 `ArcGISDynamicMapServiceLayer` 的实例和 `ArcGISTiledMapServiceLayer` 非常类似，下列示例代码说明了这一点。构造函数接收一个指向地图服务的 URL 参数。第二个参数定义了可选参数，用来控制透明度、可见性和图像参数。

```
var operationalLayer = new ArcGISDynamicMapServiceLayer("http://sampleserver1.
arcgisonline.com/ArcGIS/rest/services/Demographics/ESRI_Population_World/Map
```

```
Server",{"opacity":0.5});
    map.addLayer(operationalLayer);
```

如下列代码所示，将上面两行代码添加到 ArcGIS API for JavaScript 沙盒中。

```
<script>
  var map;
  require(["esri/map", "esri/layers/ArcGISDynamicMapServiceLayer",
"dojo/domReady!"], function(Map, ArcGISDynamicMapServiceLayer) {
    map = new Map("mapDiv", {
      basemap: "topo",
      center: [-122.45,37.75], // long, lat
      zoom: 5,
      sliderStyle: "small"
    });
    var operationalLayer = new ArcGISDynamicMapServiceLayer("http://
sampleserver1.arcgisonline.com/ArcGIS/rest/services/Demographics/ESRI_Po
pulation_World/MapServer",{"opacity":0.5});
    map.addLayer(operationalLayer);
  });
</script>
```

运行上面的代码可以看到动态图层添加到了地图上，如图 2-9 所示。

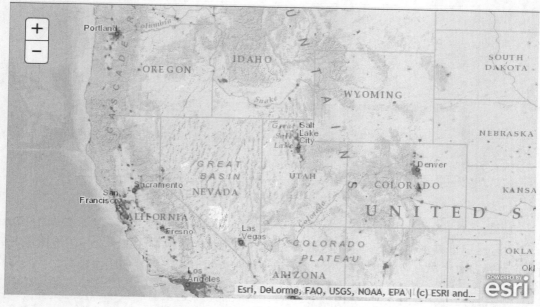

图 2-9   DynamicMapServiceLayer 运行示例

使用 ArcGISDynamicMapServiceLayer 实例可以执行多种操作。显然，你可以创建地图来显示服务中的数据，你还可以查询服务图层中的数据、通过层定义控制特征显示、控制单个图层的可见性、设置时间相关信息、导出地图为图片、控制背景透明度和进行更多操作。

2.5.4　添加图层到地图

addLayer() 方法接收一个图层（ArcGISDynamicMapServiceLayer 或者 ArcGISTiledMapServiceLayer）的实例作为第一个参数，一个可选索引指示图层放置的位置。下列示例代码创建了一个新的 ArcGISDynamicMapServiceLayer 实例指向服务的 URL。然后调用 Map.addLayer() 并传递图层的一个新的实例。服务中的图层现在在地图上可见。

```
var operationalLayer = new ArcGISDynamicMapServiceLayer("http://sampleserver1.
arcgisonline.com/ArcGIS/rest/services/Demographics/ESRI_Population_World/Map
Server");
    map.addLayer(operationalLayer);
```

addLayer() 方法接收图层对象数组并一次添加成功。

除了能够添加图层到地图外，还可以使用 Map.removeLayer() 或者 Map.remove
AllLayers() 来从地图中移除某个或者所有图层。

2.5.5　地图服务设置可见图层

可以使用 setVisibleLayers() 方法控制动态地图服务中单个图层的可见性。该方法仅适用于动态地图服务图层，对切片地图服务图层则不适用。该方法接收一个整型数组，对应地图服务中的数据图层索引编号。

这个数组是从 0 开始的，因此地图服务中的第一个图层占据位置 0。如图 2-10 所示，Demographics 地图服务中 Demographics/ESRI_Census_USA 占据索引 0。

因此，如果只想显示这个服务中的 Census Block Points 和 Census Block Group 图层的话，我们可以使用 setVisibleLayers() 方法，如下列代码所示。

```
var dynamicMapServiceLayer = new ArcGISDynamicMapServiceLayer("https://gis.
sanantonio.gov/ArcGIS/rest/services/Demographics/MapServer");
    dynamicMapServiceLayer.setVisibleLayers([1,2]);
    map.addLayer(dynamicMapServiceLayer);
```

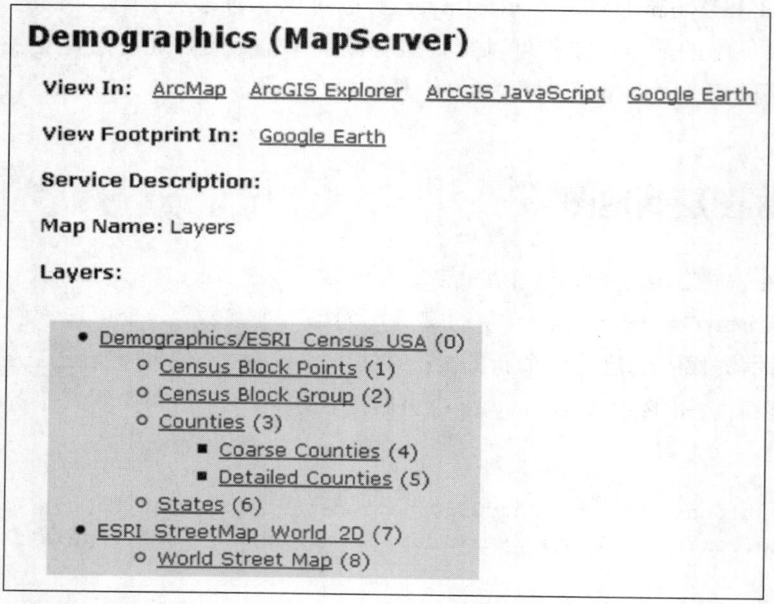

图 2-10　Demographics 服务中图层索引

2.5.6　设置定义表达式

在 ArcGISforDesktop 中，可以使用定义表达式来限制数据图层特征的显示。一个定义表达式就是一个图层中针对行和列的简单 SQL 查询。仅满足查询条件的特征才会显示。如图 2-11 所示，假如只想显示人口大于 100 万的城市，表达式为 POPULATION>1000000。ArcGIS API for JavaScript 中包含 setLayerDefinitions() 方法接收适用于 ArcGISDynamicMapServiceLayer 来控制结果地图中特征显示的数组定义。下列示例代码展示了实现过程。

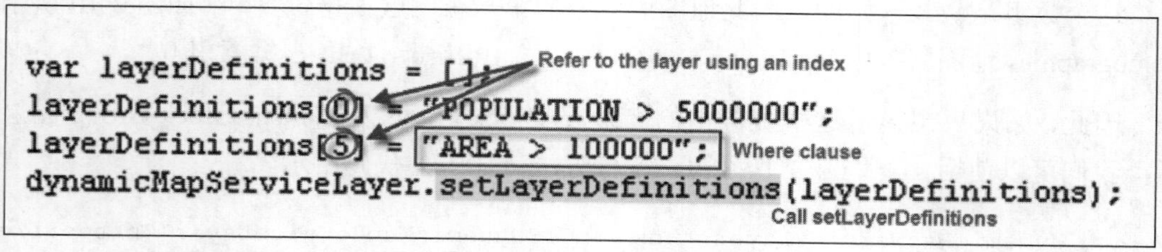

```
var layerDefinitions = [];                Refer to the layer using an index
layerDefinitions[0] = "POPULATION > 5000000";
layerDefinitions[5] = "AREA > 100000";    Where clause
dynamicMapServiceLayer.setLayerDefinitions(layerDefinitions);
                                          Call setLayerDefinitions
```

图 2-11　表达式定义

首先创建一个可容纳多个 where 语句的数组，它可以作为每个图层的定义表达式。在这种情况下，我们定义了第 1 个和第 6 个图层。数组是从 0 开始的，所以数组中的第一个就在索引 0，where 子句放到数组并传递到 setLayerDefinitions()方法中，ArcGIS Server 然后仅加载每个图层中满足 where 子句的特征。

2.5.7 地图导航

　　既然已掌握了一些关于地图和图层的知识，现在该学习如何在应用程序中控制地图导航了。在大多数情况下，用户需要能够通过平移和缩放特征来对地图进行导航操作。ArcGIS API for JavaScript 提供一系列用户接口部件和工具栏，你可以用来允许用户通过使用缩放和平移特征来改变当前地图范围。地图导航还可以通过键盘和鼠标进行。除了这些用户接口部件和硬件接口外，地图导航还可以通过编程进行控制。

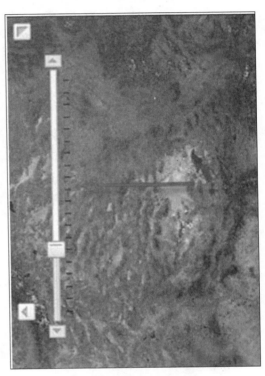

图 2-12　地图缩放进度条

1．地图导航部件和工具栏

　　为应用程序提供地图导航控制功能的最简单的方式是添加各种部件和工具栏。当创建一个新地图和添加图层时，地图上已经包含了一个默认的缩放进度条。该进度条允许用户放大和缩小地图。缩放进度条如图 2-12 所示。让缩放进度条显示在地图中不需要你做任何的编程操作，默认它就是显示的。然而当创建一个 Map 对象实例时，如果有必要，你可以在应用程序中通过设置 slider 选项为 false 移除进度条。

```
{"slider":false,"nav":true,"opacity":0.5,"imageParameters":imageParameters}
```

　　你还可以添加平移按钮，当单击的时候地图会朝着箭头指向的方向平移。默认平移按钮不会出现在地图上。当创建 Map 对象时，你必须明确设定 nav 选项为 true。

```
{"nav":true,"opacity":0.5,"imageParameters":imageParameters}
```

　　如图 2-13 所示为地图平移选项。

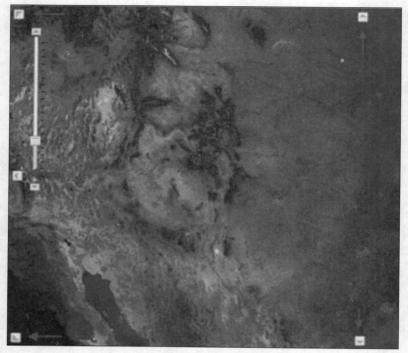

图 2-13　地图平移选项

ArcGISAPI for JavaScript 还具备为应用程序添加多种类型的工具栏的能力，包括导航工具栏，如放大和缩小按钮、平移、全图、前一视图和后一视图。工具栏创建在后面章节会介绍到，所以我们会稍后讨论它。

图 2-14　地图工具栏

2.　使用鼠标和键盘进行地图导航

用户可以使用鼠标和键盘设备来控制地图导航。用户默认可以进行下面这些操作。

◆　拖拽鼠标平移。

◆　鼠标向前滚动放大。

◆　鼠标向后滚动缩小。

◆　按住 Shift 键并拖拽鼠标放大。

◆　按住 Shift+Ctrl 组合键并拖拽鼠标缩小。

◆　按住 Shift 键并单击恢复居中。

◆　双击居中并放大。

◆　按住 Shift 键并双击居中和放大。

◆　使用方向键进行平移。

◆　使用+键放大一个级别。

◆　使用−键缩小一个级别。

上面的选项可通过 Map 中的方法进行禁用。比如，要禁用滚轮缩放，你可以使用 Map.disableScrollWheelZoom() 方法。当地图加载后这些导航特征就可以移除掉。

3．获取和设置地图范围

我们要掌握的第一件事是获取和设置地图范围。应用程序中默认的初始地图范围是最后一次你在创建地图服务时保存的地图文档文件（.mxd）的范围。在某些情况下，这也许正是你需要的，但是如果需要设置默认外的地图范围的话，你也有其他选择。

一个可选参数是居中参数，可在 Map 对象的构造函数中定义。你可以使用这个可选参数结合缩放对象来设置地图范围。如下列代码，我们定义了地图的中心坐标并设置了缩放级别为 3。

```
var map = new Map("mapDiv", {
        center: [-56.049, 38.485],
        zoom: 3,
        basemap: "streets"
    });
```

初始地图范围并不是一个必需参数，因此假如你忽略了该信息，地图会使用默认范围。下列代码显示的是仅指定了地图容器的 ID。

```
var map = new Map("map");
```

当一个 Map 对象创建后，我们还可以传递一个 Extent 对象到 Map.setExtent() 方法中来改变范围，如下列代码所示。

```
var extent = new Extent(-95.271, 38.933, -95.228, 38.976);
```

```
map.setExtent(extent);
```

另外，你可以单独设置 Extent 的属性，如下列代码所示。

```
var extent = new Extent();
extent.xmin = -95.271;
extent.ymin = 38.933;
extent.xmax = -95.228;
extent.ymax = 38.976;
map.setExtent(extent);
```

有时应用程序中使用多地图服务，在这种情况下设置初始地图范围，无论是通过地图构造函数还是通过某个服务的 Map.fullExtent() 方法都可以完成设置。例如，常见的有提供包含航空影像的基础图层和包含本地操作数据源的服务结合的地图服务。

```
map = new Map("mapDiv", {extent:esri.geometry.geographicToWebMercator
(myService2.fullExtent) });
```

当前范围通过 Map.extent 属性或者 onExtentChange 事件获取到。请注意 Map.setExtent 属性是只读的，因此不可能通过这个属性来设置地图范围。

2.6 地图事件

在编程世界里，事件是发生在应用程序中的动作。通常，这些事件通过终端用户触发，包括鼠标单击、鼠标拖拽和键盘动作，但是它还包括数据的发送和接收、组件修改和其他操作。

ArcGIS API for JavaScript 是一个异步的 API，遵循应用程序注册（发布）事件的监听（用户）中的发布/订阅模式。图 2-15 说明了该过程。监听器负责监控应用程序中的事件，然后触发一个处理函数来响应事件。多个事件可以注册到同一个监听器中。dojo 中的 on() 方法就是这样的一个事件处理程序。

图 2-15　API 异步处理过程

你可能还记得，ArcGIS ServerJavaScriptAPI 建立在 Dojo 之上。使用 Dojo，事件通过 dojo 的 on() 方法注册给处理程序。该方法接收三个参数，仔细观察图 2-16，你会对事件注册有更好的理解。

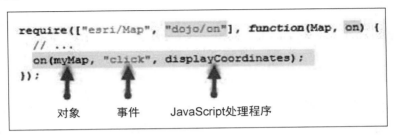

图 2-16　事件注册

我们调用带参数的 on() 方法，参数包括 map、click 和 displayCoordinates。前面两个参数代表对象和我们需要注册的事件。在这种情况下，意味着我们正在为 Map 对象注册 click 事件。在地图范围内，每当用户单击鼠标就会触发此事件。最后一个参数 displayCoordinates 代表事件的监听器。因此，每当 Map 对象的 click 事件触发时，将会触发 displayCoordinates 函数，它将运行并报告地图当前范围。虽然事件和注册的处理取决于环境的变化，但是注册的方法是一样的。

每次事件发生时，Event 对象将产生。该 Event 对象包括额外的事件信息，比如鼠标按钮被单击或者键盘某个按键被按下。这个对象会自动传递到事件处理程序中检查。如下列代码所示，你可以看到 Event 对象作为一个参数传递到了处理程序中。这是一个动态对象，它的属性也会根据被触发的事件类型而发生变化。

```
function addPoint(evt) {
    alert(evt.mapPoint.x, evt.mapPoint.y);
}
```

API 中不同对象有着不同的事件。但是，你要牢记不要用监听器来注册每一个事件。只有那些应用程序中需要的事件才需要注册。当一个事件没有使用监听器进行注册时，该事件会被忽略。

Map 对象包含多种不同响应事件，包括各种鼠标事件、范围改变事件、底图改变事件、键盘事件、图层事件、平移和缩放事件以及更多其他事件。应用程序中可以响应任意这些事件。在接下来的章节中，我们将学习其他对象可用的事件。

在不需要的时候，从处理函数中断开事件是一个好的编程习惯。这通常在当用户从页面导航离开或者关闭浏览器窗口时完成。下列代码显示了如何简单地通过调用 remove()

方法完成移除单击事件。

```
var mapClickEvent = on(myMap, "click", displayCoordinates);
mapClickEvent.remove();
```

2.7   总结

我们已经在本章中涵盖了很多基础内容。所有使用 ArcGIS API for JavaScript 创建的应用程序需要一组特定的步骤，我们称之为样板代码，它包括定义引用 API 和样式表、加载模块、创建初始化函数和一些其他步骤。在初始化函数中，将会创建一个地图、添加各种图层和在使用应用程序之前需要执行其他的安装操作。在本章中，我们学会了如何执行这些任务。

此外，我们学习了多种可以添加到地图上的图层，包括切片地图服务图层和动态地图服务图层。切片地图服务图层是预先创建的并且缓存在服务器上，因此常用来作为应用程序中的底图。动态服务图层是每次一个请求发生后创建的，所以可能需要更长的时间才能产生。然而，动态地图服务图层能用来执行多种类型的操作，包括查询、设置定义表达式和更多其他操作。

另外，我们已经学会了通过编程的方式来控制地图范围。最后，我们介绍了事件这个主题，学会了事件如何与事件处理程序关联，其实就是一个简单的 JavaScript 函数，它运行在一个特殊事件被触发的任何时机。在下一章中，我们将密切关注如何添加图形到应用程序中。

第 3 章
添加图形到地图

　　图形是绘制在地图图层上的点、线或面，它独立于地图服务相关的任何其他数据图层。很多人会认为图形对象就是显示在地图上代表图形的符号。然而 ArcGIS Server 中的每个图形都是由四个对象组成，分别是几何图形、与图形相关的符号、描述图形的属性和定义当图形单击后出现的信息框格式的信息模板。虽然图形由四个对象构成，但不是必需的。选择和图形相关的对象取决于你创建应用程序的需要。比如，在应用程序地图上显示 GPS 坐标，你可以不用为图形关联属性或显示信息窗口。但是，大多数情况下，你需要为图形定义几何形状和符号。

　　图形是临时的对象，它存储在地图上一个独立的图层中。图形在应用程序使用的时候显示，当会话完成后移除。那个独立的图层会存储和地图相关的所有图形信息，我们称之为图形图层。在第 2 章 "创建地图和添加图层" 中，我们讨论了多种类型的图层，包括动态地图服务图层和切片地图服务图层。正如和其他类型图层一样，GraphicsLayer 也继承自 Layer 类。因此，Layer 类中的所有属性、方法和事件也可以应用在 GraphicsLayer 当中。

　　图形显示在应用程序中用于呈现的任何其他图层之上。一个点和面的图形如图 3-1 所示，这些图形可以通过用户创建或者通过提交应用程序响应任务进行绘制。比如，一个商业分析应用程序可能提供这样一个工具，它允许用户手绘多边形来代表一个潜在的交易地区。

　　该多边形图形显示在地图的最上面，然后可以作为地理处理任务的输入，用于提取潜在贸易地区的人口统计信息。

　　很多 ArcGIS Server 任务以图形形式返回结果。QueryTask 对象可执行属性和空间查询。查询的结果以 FeatureSet 对象返回，即以简单的 features 数组形式返回给应用程序。

然后你可以用图形访问每一个 features 并使用循环结构将其绘制在地图上。假如想找到并显示所有和百年长期洪水泛滥的平原相交的地块，QueryTask 对象可以用来执行空间查询并且将结果返回到应用程序中，然后以多边形图形显示在地图上，如图 3-1 所示。

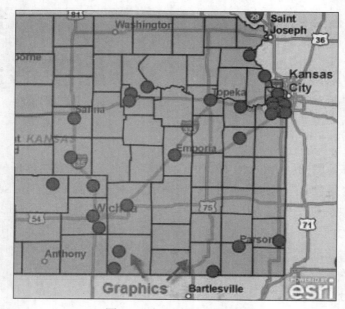

图 3-1   点和面的图形显示

在本章节中，我们将讨论以下主题。

◆   图形的四个组成部分。

◆   创建几何图形。

◆   图形符号化。

◆   图形分配属性。

◆   信息模板中展示图形属性。

◆   创建图形。

◆   添加图形到图形图层。

3.1   图形的四个组成部分

图形由四项构成：**几何形状、符号、属性和信息模版**，如图 3-2 所示。

图形具有描述所在地的几何表示，几何信息和符号一起定义了图形如何显示。图形也有提供描述信息的属性。属性定义的是一系列的名称—值对。比如，一个用来描述野火位置的图形包括描述火灾的名称和烧毁面积的英亩数属性。信息模版定义了当图形出现时信息窗口中显示哪一个属性以及如何显示。当以上内容创建后，图形对象显示在地图上之前必须存储在 `GraphicsLayer` 对象当中。这个 `GraphicsLayer` 对象将作为显示所有图形的容器。

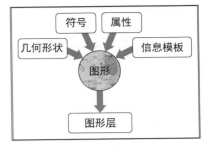

图 3-2 图形构成

图形的所有组成元素都是可选项。然而，图形的几何信息和符号总是需要指定的。没有这两项的话，地图上不会有任何显示，除非你让它显示出来，否则没有多大意义。

图 3-3 所示为创建图形和将其添加到 **GraphicsLayer** 的典型过程。在这种情况下，我们运用图形的几何和符号来描述这个图形。然而，我们并没有具体指定这个图形的属性或者信息模版。

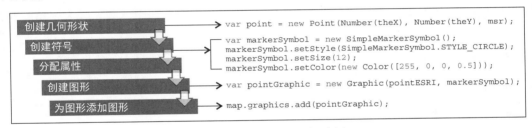

图 3-3 图形创建和添加过程

3.2 创建几何图形

图形总是由一个几何对象组成，用来放置在地图上面。这些几何对象可以是点、多点、线、面或者多边形，你可以通过这些对象的构造函数以编程的方式进行创建，或者从一个任务（比如查询）来返回输出结果。

在创建任何几何类型之前，需要引入资源 `esri/geometry`。这个几何资源包含类 `Geometry`、`Point`、`Multipoint`、`Polyline`、`Polygon` 和 `Extent`。

`Geometry` 是 `Point`、`Multipoint`、`Polyline`、`Polygon` 和 `Extent` 的基类。

如下列代码所示，`Point` 类通过 X 和 Y 坐标定义了一个位置，它定义成一个地图单元或者屏幕单元。

```
new Point (-118.15,33.80);
```

3.3 图形符号化

我们创建的每一个图形都可以通过 **API** 中多种符号类中的某一个进行符号化。点的图形符号化通过 SimpleMarkerSymbol 类实现，可用的形状包括圆、交叉、钻石、方形和 X。你也可以通过使用 PictureMarkerSymbol 类来对点进行符号化，即使用一张图片来显示图形。线性特征通过使用 SimpleLineSymbol 类来进行符号化，包括实线、破折号、点或者组合类型。面通过 SimpleFillSymbol 类符号化，可以是实心、透明或者交叉线。如果想以重复的模式来为面图形使用一张图片，可以使用 PictureFillSymbol 类。文字也可以添加到图形层中并且通过 TextSymbol 类来符号化。

点或者多点可通过 SimpleMarkerSymbol 类来符号化，这个类有多个属性可以设置，包括样式、大小、轮廓和颜色。样式设置通过 SimpleMarkerSymbol.setStyle()方法进行设置，该方法接收以下常量中的一个来代表绘制的符号类型（圆、交叉、钻石或者其他）。

◆ STYLE_CIRCLE。

◆ STYLE_CROSS。

◆ STYLE_DIAMOND。

◆ STYLE_PATH。

◆ STYLE_SQUARE。

◆ STYLE_X。

点图形也有一个外轮廓线颜色，可通过 SimpleLineSymbol 类创建。图形的大小和颜色也能进行设置，如图 3-4 所示。查看下面的示例代码，你就会知道它是如何实现的。

图 3-4 点图形创建

```
var markerSymbol = new SimpleMarkerSymbol();
markerSymbol.setStyle(SimpleMarkerSymbol.STYLE_CIRCLE);
markerSymbol.setSize(12);
markerSymbol.setColor(new Color([255,0,0,0.5]));
```

线性特征通过 SimpleLineSymbol 类来符号化，它可以是实心线或者点和破折线的组合。其他属性包括颜色，定义在 dojo/Color 中，宽度属性 setWidth 用于设置线的厚度。下列示例代码说明了处理的细节。

```
var polyline = new Polyline(msr);
//a path is an array of points
var path = [new Point(-123.123, 45.45, msr),…..];
polyline.addPath(path);
var lineSymbol = new SimpleLineSymbol().setWidth(5);

//create polyline graphic using polyline and line symbol
var polylineGraphic = new Graphic(polyline, lineSymbol);
map.graphics.add(polylineGraphic);
```

图 3-5 所示为上述代码运行后的结果。

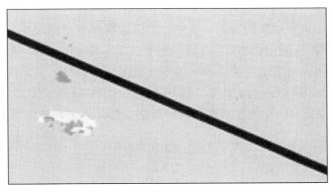

图 3-5　线图形输出结果

面通过 SimpleFillSymbol 类进行符号化，它允许以实心、透明或者交叉阴影方式绘制面。面也可以通过 SimpleLineSymbol 对象指定轮廓线。处理细节的代码如下所示。

```
var polygon = new Polygon(msr);
//a polygon is composed of rings
var ring = [[-122.98, 45.55], [-122.21, 45.21], [-122.13, 45.53],……];
polygon.addRing(ring);
var fillSymbol = new SimpleFillSymbol().setColor(new Color([255,0,0,0.25]));
//create polygon graphic using polygon and fill symbol
var polygonGraphic = new Graphic(polygon, fillSymbol);
//add graphics to map's graphics layer
map.graphics.add(polygonGraphic);
```

图 3-6 所示为上述代码的运行后的结果。

图 3-6 面图形输出结果

3.4 图形分配属性

图形的属性是描述该对象的名称—值对。大多数情况下，图形是一个任务操作（比如 **QueryTask**）产生的结果。这种情况下，每个图形由几何和属性构成，然后你需要对每个图形相应进行符号化，和图层相关的字段属性变成了图形的属性。在某些情况下，可以通过 `outFields` 属性来限制返回的字段。假如图形是通过编程方式创建的，你可以使用 `Graphic.setAttributes()` 方法在代码中指定属性，如下列代码所示。

```
Graphic.setAttributes({"XCoord":evt.mapPoint.x, "YCoord".evt.mapPoint.y, "Plant":"Mesa Mint"});
```

3.5 信息模板中展示图形属性

除了属性，图形还有一个定义属性数据如何在弹出窗口中显示的信息模板。下列代码中已经定义了包含键-值对的点属性变量。在这种特殊情况下，我们已经拥有包含地址、城市和州的键。每一个名称或者键都有一个值。该变量是新的点图形构造函数中的第三个参数。一个信息模板定义了弹出窗口显示、包含的标题和可选内容模板字符串的格式，如下所示。

```
var pointESRI = new Point(Number(theX), Number(theY),msr);
var markerSymbol = new SimpleMarkerSymbol();
markerSymbol.setStyle(SimpleMarkerSymbol.STYLE_SQUARE);
markerSymbol.setSize(12);
markerSymbol.setColor(new Color([255,0,0]));
var pointAttributes = {address:"101 Main Street", city:"Portland", state:
"Oregon"};
var pointInfoTemplate = new InfoTemplate("Geocoding Results");
```

```
    //create point graphic using point and marker symbol
    var pointGraphic = new Graphic(pointESRI, markerSymbol, pointAttributes).
setInfoTemplate(pointInfoTemplate);
    //add graphics to maps' graphics layer
    map.graphics.add(pointGraphic);
```

图 3-7 所示为上述代码执行结果。

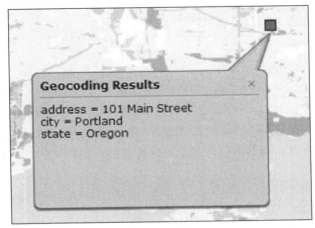

图 3-7　信息模板

3.6　创建图形

一旦为图形定义了几何、符号和属性，使用这些参数作为 Graphic 对象构造函数的输入就可以创建一个新的图形对象了。在下列代码中，我们将创建几何变量（pointESRI）、符号变量（markerSymbol）、点属性变量（pointAttributes）和信息模板变量（pointInfoTemplate），然后将这些变量应用到一个名为 pointGraphic 的新图形的构造函数中作为输入参数。最后，将这个图形添加到图形图层中。

```
    var pointESRI = new Point(Number(theX), Number(theY, msr));
    var markerSymbol = new SimpleMarkerSymbol();
    markerSymbol.setStyle(SimpleMarkerSymbol.STYLE_SQUARE);
    markerSymbol.setSize(12);
    markerSymbol.setColor(new Color([255,0,0]));

    var pointAttributes = {address:"101 Main Street", city:"Portland", state:
"Oregon"};
    var pointInfoTemplate = new InfoTemplate("Geocoding Results");
```

```
//create the point graphic using point and marker symbol
var pointGraphic = new Graphic(pointESRI, markerSymbol,
pointAttributes).setInfoTemplate(pointTemplate);

//add graphics to maps' graphics layer
map.graphics.add(pointGraphic);
```

3.7   添加图形到图形图层

在任何图形显示在地图上之前，必须首先将它们添加到图形图层中。每一个地图都有一个图形图层，它包含一个初始为空的图形数组，以便我们向其中添加图形。这个图层可以包含任何类型的图形对象，这也就意味着可以同时混合点、线和面。图形通过 add()方法添加到图层中，也可通过 remove()方法移除单个图形。假如需要同时移除所有的图形，可以使用 clear()方法。图形图层有多个事件可注册，包括单击、鼠标按下等。

多个图形层

多个图形层在 API 中也是支持的，这样在组织不同类型的图形时就更加容易了。图层可以根据需要轻松地移除或者添加。比如，你可以将代表国家的面层放到一个图形图层中，将代表交通事件的点图形放在另一个图形图层中。然后你可以轻松地根据需要来添加或者移除每个图层。

3.8   图形练习

在这个练习中，你将学会如何在地图上创建和显示图形。接下来，我们将创建专题地图，用于显示科罗拉多（Colorado）州的人口密度。这里我们将向你介绍查询任务，后面章节中你将了解到任务是在 ArcGIS Server 中执行的，包括空间和属性查询、特征定位和地理编码。最后，你将学会如何为图形特征附加属性并在信息窗口中显示。

1. 在 JavaScript 沙盒中打开地址 http://developers.arcgis.com/en/javascript/sandbox/sandbox.html。

2. 从下列代码的<script>标签中移除加粗部分的 JavaScript 内容。

```
<script>
  dojo.require("esri.map");
  function init(){
```

```
        var map = new esri.Map("mapDiv", {
            center: [-56.049, 38.485],
            zoom: 3,
            basemap: "streets"
        });
    }
    dojo.ready(init);
</script>
```

3. 创建应用程序中使用的变量。

```
<script>
    var map, defPopSymbol, onePopSymbol, twoPopSymbol,
threePopSymbol, fourPopSymbol, fivePopSymbol;
</script>
```

4. 添加 require() 函数，如下列代码加粗部分所示。

```
<script>
    var map, defPopSymbol, onePopSymbol, twoPopSymbol, threePopSymbol,
fourPopSymbol, fivePopSymbol;
    require(["esri/map", "esri/tasks/query", "esri/tasks/QueryTask", "esri/
symbols/SimpleFillSymbol", "esri/InfoTemplate", "dojo/domReady!"],
        function(Map, Query, QueryTask, SimpleFillSymbol,
InfoTemplate) {

        });
</script>
```

在前面的练习中我们已经涵盖了 esri/map 资源，所以不再做更详细的介绍。esri/tasks/query 和 esri/tasks/QueryTask 资源是新的内容，我们会在后面的章节中进行介绍。然而，为了完成该练习，在这个时候我有必要向你们介绍这些内容。这些资源可以帮助你在数据图层上执行空间和属性查询。

5. 在 require() 函数内部，你需要如下列加粗代码所示创建一个 Map 对象，并且添加一个 basemap: streets 图层，进而设置初始地图范围来显示科罗拉多（Colorado）州。

```
<script>
    var map, defPopSymbol, onePopSymbol, twoPopSymbol, threePopSymbol,
fourPopSymbol, fivePopSymbol;
        require(["esri/map", "esri/tasks/query", "esri/tasks/QueryTask","esri/
symbols/SimpleFillSymbol", "esri/InfoTemplate",
    "dojo/_base/Color", "dojo/domReady!"],
```

```
          function(Map, Query, QueryTask, SimpleFillSymbol,
InfoTemplate, Color) {
        map = new Map("map", {
            basemap: "streets",
            center: [-105.498,38.981], // long, lat
            zoom: 6,
            sliderStyle: "small"
        });
    });
</script>
```

6. 在 require() 函数内部，正如下列代码块那样创建 Map 对象，添加加粗的代码来创建一个透明的面符号。这样创建了一个新的 SimpleFillSymbol 对象并且分配给名为 defPopSymbol 的变量。我们使用 RGB 值（255，255，255）和 0 来确保填充的颜色完全透明。稍后，我们将添加额外的符号对象来显示彩色编码的州人口密度地图。现在我们简单地创建一个符号以便于你能理解在地图上创建和显示图形的基本过程。下列代码描述了这部分的处理细节。

```
map = new Map("mapDiv", {
  basemap: "streets",
  center: [-105.498,38.981], // long, lat
  zoom: 6,
  sliderStyle: "small"
});
defPopSymbol = new SimpleFillSymbol().setColor(new Color([255,255,255,
0]));//transparent
```

下一步你会得到在应用程序中如何使用 Query 任务的预览功能。在后面章节中我们将详细介绍这个任务，在这里只是一个简单介绍。Query 任务可以用来在一个地图服务的数据图层上执行空间和属性查询。本练习中，我们将在 ESRI 服务提供的州边界层上使用 Query 任务来执行属性查询。

7. 让我们首先检查一下在查询中需要使用的地图服务和图层。打开网页浏览器，访问地址 http://sampleserver1.arcgisonline.com/ArcGIS/rest/services/ Specialty/ESRI_StateCityHighway_USA/MapServer，这个地图服务提供了美国州县的人口普查信息和高速公路图层。在本练习中，我们选择序号为 2 的州图层。单击 "**counties**" 选项来获取该层的详细信息。该图层中有很多的字段，但是我们仅对允许我们通过州名查询的字段和提供人口密度信息的字段感兴趣。字段 STATE_NAME 提供每个州的名称，字段 POP90_SQMI 提供每个州的人口密度。

8. 返回到沙盒，在我们创建的 `defPopSymbol` 符号变量代码行下面添加下列代码行来初始化一个新的 `QueryTask` 对象。该行代码主要是创建指向 `ESRI_StateCityHighway_USA`，它是我们刚在浏览器中检查过并且图层索引号为 2 的州图层地图服务的一个新的 `QueryTask` 对象。下列代码说明了处理细节。

```
var queryTask = new QueryTask("http://sampleserver1.arcgisonline.com/
ArcGIS/rest/services/Specialty/ESRI_StateCityHighway_USA/MapServer/2");
```

9. 所有的 `QueryTask` 对象需要输入参数来决定执行哪个图层，它是通过 `Query` 对象完成的。将下列一行代码添加到之前刚输入的代码行下面。

```
var query = new Query();
```

10. 现在要为我们创建的 `Query` 对象定义一些属性以便于执行属性查询操作。将下列三行加粗代码添加到我们创建的 `query` 变量之后。

```
var query = new Query();
query.where = "STATE_NAME = 'Colorado'";
query.returnGeometry = true;
query.outFields = ["POP90_SQMI"];
```

11. `where` 属性用来创建针对图层执行操作的 SQL 语句。在这种情况下，我们只想返回州名称为 `Colorado` 的记录。设置 `returnGeometry` 属性为 `true` 意味着我们希望 ArcGIS Server 返回所有满足查询条件特征的几何信息。这个是必需的，因为我们需要在地图上绘制这些特征作为图形。最后，`outFields` 属性用来定义返回哪个几何字段。该信息会在之后当我们创建彩色编码的州人口密度地图时使用。

12. 最后，在 `queryTask` 上使用 `execute()` 方法对 counties 图层执行查询，使用 `query` 对象定义的参数，添加下列代码。

```
queryTask.execute(query, addPolysToMap);
```

除了传递 `query` 对象给 ArcGIS Server，我们还将 `addPolysToMap` 作为回调函数。这个函数将在 ArcGIS Server 执行查询之后再执行并返回结果。使用 `addPolysToMap` 函数来绘制返回给 `featureSet` 对象的记录。

13. 上一步骤提到，回调函数 `addPolysToMap` 将在 ArcGIS Server 返回包含满足属性查询记录的 `featureSet` 对象时执行。在创建回调函数之前，让我们首先讨论将会完成什么代码。`addPolysToMap` 函数将接收一个参数 `featureSet`。当 `queryTask` 对象执行后，ArcGIS Server 返回 `featureSet` 对象给应用程序。在 `addPolysToMap` 函数内部，你将看到这样一行代码：varfeatures= featureSet.features;。**features** 属性返回一个包含所有图形的数组。在定义一个新的特征变量之后，创建一个 for 循环来遍历每一个图形，并将这些图形绘制在地图上。添加下列代码块来创建回调函数。

```
function addPolysToMap(featureSet) {
  var features = featureSet.features;
  var feature;
  for (var i=0, il=features.length; i<il; i++) {
    feature = features[i];
    map.graphics.add(features[i].setSymbol(defPopSymbol));
  }
}
```

前面提到过，必须将创建的每一个图形添加到 GraphicsLayer 对象中。这个是通过前面代码块中你看到的 add() 函数来完成的。你还会注意到我们将前面创建的符号附加到了每一个图形（州边界）中。

14. 单击 **Run** 按钮执行代码，假如代码正确的话，你将看到图 3-8 所示的输出结果。注意每一个州已经按照我们定义的符号画出了轮廓。

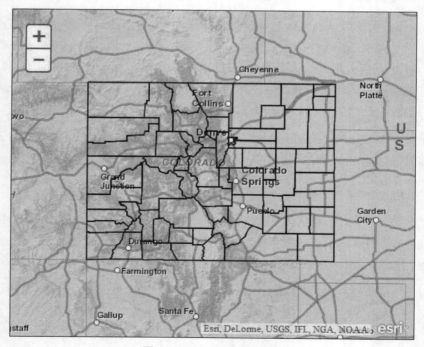

图 3-8　图形练习输出结果

现在我们将要为应用程序添加额外的代码，以人口为基础来彩色编码每一个州。注释掉 require() 函数中的 defPopSymbol 变量并添加如下五个新的符号。

```
//defPopSymbol = new SimpleFillSymbol().setColor(new Color([255,255,255,
0])); //transparent
onePopSymbol = new SimpleFillSymbol().setColor(new Color([255,255,128,
0.85])); //yellow
twoPopSymbol = new SimpleFillSymbol().setColor(new Color([250,209,85,
0.85]));
threePopSymbol = new SimpleFillSymbol().setColor(new Color([242,167,46,
0.85])); //orange
fourPopSymbol = new SimpleFillSymbol().setColor(new Color([173,83,19,
0.85]));
fivePopSymbol = new SimpleFillSymbol().setColor(new Color([107,0,0,0.85]));
//dark maroon
```

我们这里做的是在人口密度基础上创建一个渐变颜色符号，用来分配给每一个州。我们还为每个符号设定了值为 0.85 的透明度，方便我们能够透彻地看到每一个州。这样可以让我们看到放置在图层下面包含城市名称的底图。

回想前面的练习部分，我们创建了 queryTask 和 Query 对象，并为 Query 定义了一个 outFields 属性来返回 POP90_SQMI 字段。现在我们将用这个字段的返回值即州的人口密度来决定运用到每个州的符号。更新 addPolysToMap 函数，如下列代码块所示，然后我们将讨论我们实现了什么。

```
function addPolysToMap(featureSet) {
  var features = featureSet.features;
  var feature;
  for (var i=0, il=features.length; i<il; i++) {
    feature = features[i];
    attributes = feature.attributes;
    pop = attributes.POP90_SQMI;

    if (pop < 10)
    {
        map.graphics.add(features[i].
setSymbol(onePopSymbol));
    }
    else if (pop >= 10 && pop < 95)
    {
        map.graphics.add(features[i].setSymbol(twoPopSymbol));
    }
    else if (pop >= 95 && pop < 365)
```

```
{  map.graphics.add(features[i].setSymbol(threePopSymbol));
}
else if (pop >= 365 && pop < 1100)
{  map.graphics.add(features[i].setSymbol(fourPopSymbol));
}
else
{  map.graphics.add(features[i].setSymbol(fivePopSymbol));
}
}
}
```

在上述代码块中，我们从每个图形中获取了人口密度信息并保存到一个 pop 变量中。if/else 代码块随后用来根据州的人口密度为图形分配符号。比如，一个州的人口密度（POP90_SQMI 字段中定义）为 400，将会分配定义的 fourPopSymbol 符号。因为在 for 循环中检查 Colorado 中的每个州，所以每个州图形将会被分配一个符号。

单击 **Run** 按钮来执行代码，假如代码正确的话，你会看到图 3-9 所示的结果。注意每个州已经通过前面定义过的某个符号进行了颜色编码。

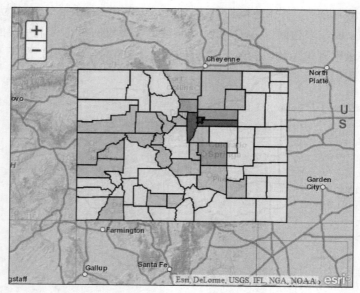

图 3-9　颜色编码后的输出结果

现在你将学习如何为图形附加属性。并且当图形被单击时让它们显示在信息窗口中。

信息窗口是一个 HTML 弹出窗口，当单击图形时用来显示信息。一般地，它包含图形单击属性，但是也可以包含开发者用来指定的自定义内容。这些窗口的内容由 InfoTemplate 这个具体指定窗体标题和窗体显示内容的对象分配。创建 InfoTemplate 对象的最简单方式是使用内容通配符，它可以自动将数据集中的所有字段插入到信息窗口中。我们将添加一些额外的输出字段，这样在信息窗口中可以显示更多内容。修改 query.outFields 行来包含下列加粗代码行的字段。

```
query.outFields = ["NAME","POP90_SQMI","HOUSEHOLDS","MALES","FEMALES","WHITE",
"BLACK","HISPANIC"];
```

然后，在 queryTask.execute 行下面添加下列一行代码。

```
resultTemplate = InfoTemplate("County Attributes", "${*}");
```

第一个传递到构造函数中的参数（"County Attributes"）是窗体的标题。第二个参数是一个通配符，用来表示所有的名称—值对属性，并将会输出在窗口上。因此，当一个图形被单击时，我们添加到 query.outFields 中的新字段应当包括在信息窗口中。

最后，使用 Graphic.setInfoTemplate()方法来为图形指定新创建的 InfoTemplate 对象。通过添加下列加粗代码并修改 if/else 语句。

```
if (pop < 10)
{
    map.graphics.add(features[i].setSymbol(onePopSymbol)
.setInfoTemplate(resultTemplate));
}
else if (pop >= 10 && pop < 95)
{
    map.graphics.add(features[i].setSymbol(twoPopSymbol)
.setInfoTemplate(resultTemplate));
}
else if (pop >= 95 && pop < 365)
{
    map.graphics.add(features[i].setSymbol(threePopSymbol)
.setInfoTemplate(resultTemplate));
}
else if (pop >= 365 && pop < 1100)
{
    map.graphics.add(features[i].setSymbol(fourPopSymbol)
.setInfoTemplate(resultTemplate));
}
else
{
```

```
    map.graphics.add(features[i].setSymbol(fivePopSymbol)
.setInfoTemplate(resultTemplate));
    }
```

单击 **Run** 按钮来执行代码。在地图上单击任何一个州，你会看到如图 3-10 所示的信息窗口。

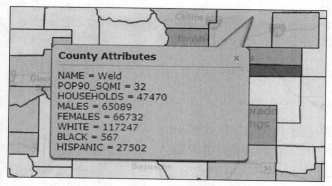

图 3-10   图形属性信息窗口

你可以查看 ArcGISJavaScriptAPI 文件夹下本练习的解决方案代码 graphicexercise.html 文件来验证你的代码是否正确编写。

3.9   总结

在本章中，你已经学会图形常被用来代表一个工作应用程序执行结果所产生的信息。通常这些图形是执行任务的返回结果，比如属性或者空间查询。图形包括点、线、面和文本，这些都是临时对象，仅在浏览器当前会话过程中显示。每一个图形由几何、符号、属性和信息窗口构成，通过使用图形图层添加到地图上。它在应用程序中总是处于最上层，这样可以保证图层的内容总是可见的。在下一章中，我们将介绍特征图层，它可以实现图形图层之外的更多功能。

第 4 章
特征图层

ArcGIS API for JavaScript 提供特征图层来操作客户端图形特征。FeatureLayer 对象继承自 GraphicsLayer 对象，但是它还可以提供额外的功能，比如执行查询和选择及支持定义表达式。它还可以用作 Web 编辑。在前面章节你应该已经熟悉了图形图层。

特征图层不同于切片地图服务图层和动态地图服务图层，因为它可以将特征的几何信息从 ArcGIS Server 传输到 Web 浏览器，然后绘制到地图上。它还可以用来代表非空间表数据，除此之外，特征类还包括了几何信息。

数据从 ArcGIS Server 流向浏览器极大地减少了其往返服务器间的时间，从而可以改善应用程序的性能。客户端根据需要请求特征并对这些特征执行选择和查询操作，而不需要从服务器请求其他任何信息。FeatureLayer 对象特别适合那些响应用户交互（如鼠标单击或者经过）的图层。从这一点来权衡的话，假如你在使用一个包含很多特征的特征图层，它将在一开始就花费很长时间来将特征传输到客户端。特征图层支持多种显示模式，这些模式可以帮助你减轻使用大量特征带来的负担。我们将在本章逐一介绍这些显示模式。

特征图层可以让地图服务上的图层实现任何定义表达式、规模依赖和其他配置属性。使用特征图层，你可以访问相关的表格、执行查询、显示时间片和使用特征关联，也可以做一些其他有用的事情，如图 4-1 所示。

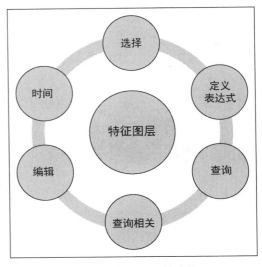

图 4-1　特征图层的功能

在本章中，我们将介绍下述主题。

◆   创建 FeatureLayer 对象。

◆   定义显示模式。

◆   设置定义表达式。

◆   特征选择。

◆   特征图层渲染。

◆   特征图层练习。

4.1   创建 FeatureLayer 对象

特征图层必须引用地图服务或者特征服务中的图层。如果你想从服务器端获取几何信息和属性并且亲自符号化的话，那么请使用地图服务吧。你可以通过特征服务从服务中的源地图文档部分获取符号。特征图层为源地图文档提供任何特征编辑模板的配置。

在下列代码中，你将看到如何通过构造函数来创建一个 FeatureLayer 对象的细节。使用切片图层和动态图层，你可以简单地为 rest 端点提供一个指针。但是对于特征图层，你需要指向服务中的某个具体图层。下列代码中我们将为服务中的第一个图层（序号为 0）创建一个 FeatureLayer 对象。FeatureLayer 构造函数还接收可选项，比如显示模式、输出字段和信息模板。在这里将显示模式设置为 SNAPSHOT，说明我们正在处理一个极小的数据集。在下一节中，我们将介绍各种显示模式，它们可以用来定义特征图层以及其何时将会被使用。

```
var earthquakes = new FeatureLayer("http://servicesbeta.esri.com/
ArcGIS/rest/services/Earthquakes/Since_1970/MapServer/0",{ mode:
FeatureLayer.MODE_SNAPSHOT, outFields: ["Magnitude"]});
```

可选的构造函数参数

FeatureLayer 对象除了接收来自地图服务或者特征服务这个必需的图层作为第一个参数外，还可以传递一个用于定义各种选项的 JSON 对象到构造函数中。很多种类的选项都可以被传递到构造函数中。下面将介绍最常用的选项。

outFields 属性可用来限制 FeatureLayer 对象返回的字段。因为性能的原因，最好仅包括应用程序需要的字段而非接收默认返回的所有字段。仅仅返回应用程序中必需的字段，这样做可以保证应用程序执行效率更高。在下列加粗代码中，我们定义了 outFields 属性，仅返回 Date 和 Magnitude 字段。

```
var earthquakes = new FeatureLayer("http://servicesbeta.esri.com/
ArcGIS/rest/services/Earthquakes/Since_1970/MapServer/0",{ mode:
FeatureLayer.MODE_SNAPSHOT, outFields: ["Date", "Magnitude"]});
```

refreshInterval 属性定义多长时间（以分钟计）刷新图层。这个属性用于经常改变的数据，包括新记录、已经被修改或者删除的记录。下列加粗代码设置了一个 5 分钟的刷新间隔。

```
var earthquakes = new FeatureLayer("http://servicesbeta.esri.com/
ArcGIS/rest/services/Earthquakes/Since_1970/MapServer/0",{ mode:
FeatureLayer.MODE_SNAPSHOT, outFields: ["Magnitude"], refreshInterval: 5});
```

当一个特征被单击时，定义属性和设置在信息窗口中显示，下列代码所示为设置 infoTemplate 属性。

```
function initOperationalLayer() {
  var infoTemplate = new InfoTemplate("${state_name}", "Population
(2000):  ${pop2000:NumberFormat}");
  var featureLayer = new FeatureLayer("http://sampleserver6.
arcgisonline.com/arcgis/rest/services/USA/MapServer/2",{
    mode: FeatureLayer.MODE_ONDEMAND,
    outFields: ["*"],
    infoTemplate: infoTemplate
    });

  map.addLayer(featureLayer);
  map.infoWindow.resize(155,75);
}
```

假如 IE 浏览器将会成为应用程序的主要浏览器，你可能想要设置 displayOnPan 属性为 false。默认情况下，这个属性设置为 true，如果设置为 false，那么在平移操作时将关闭图形，从而提高应用程序在 IE 浏览器中的性能。下列代码块说明了处理的细节。

```
var earthquakes = new FeatureLayer("http://servicesbeta.esri.com/
ArcGIS/rest/services/Earthquakes/Since_1970/MapServer/0",{ mode:
FeatureLayer.MODE_SNAPSHOT, outFields: ["Magnitude"], displayOnPan:
false});
```

通过 mode 参数定义的显示模式，可能是最重要的可选参数。因此，我们将在后面的部分详细介绍。

4.2   定义显示模式

当创建一个特征图层时，需要指定具体模式来获取特征信息。因为模式决定特征何时以及如何从服务器端传输到客户端，所以模式的选择将影响应用程序的速度和外观。模式选择如图 4-2 所示。

图 4-2   模式选择

4.2.1   快照模式

快照模式从图层中获取所有特征信息并且传输到客户端浏览器中来显示地图。因此，在使用该模式之前你需要充分考虑图层的大小。一般地，仅当在少量数据集时使用此模式。大量数据集时使用快照模式会明显降低应用程序的性能。快照模式的好处是当图层中的所有特征返回到客户端后，无需再次向服务器端请求额外的数据，它极大程度地提升了应用程序的性能。

ArcGIS 规定任何一次快照模式只能返回不超过 1 000 个特征值，虽然这个数字能够通过 ArcGIS Server 管理进行配置。在实际应用中，仍然只有当使用少量数据集时才会使用此模式。

```
var earthquakes = new FeatureLayer("http://servicesbeta.esri.com/
ArcGIS/rest/services/Earthquakes/Since_1970/MapServer/0",{ mode: FeatureLayer.
MODE_SNAPSHOT, outFields: ["Magnitude"]});
```

4.2.2   按需模式

按需模式是当需要的时候才去获取特征信息，也就是说只返回当前视野范围内的特征。因此，当缩放或者平移操作发生时，特征会从服务器端传输到客户端。对于快照模式下不能有效运行的大数据集来说，按需模式却能很好地工作。虽然每次地图范围改变需要往返服务器来获取特征，但是对于大量数据集，这种方法是可取的。下列示例代码说明如何为 FeatureLayer 对象设置 ONDEMAND 模式。

```
var earthquakes = new FeatureLayer("http://servicesbeta.esri.com/
ArcGIS/rest/services/Earthquakes/Since_1970/MapServer/0",{ mode: FeatureLayer.
MODE_ONDEMAND, outFields: ["Magnitude"]});
```

4.2.3 选择模式

选择模式一开始不需要请求特征，它仅当在客户端进行选择操作后才返回特征。被选择的特征从服务器端传输到客户端。这些被选择的特征随后会显示在客户端。下列示例代码说明了如何为 FeatureLayer 对象设置 SELECTION 模式。

```
var earthquakes = new FeatureLayer("http://servicesbeta.esri.com/
ArcGIS/rest/services/Earthquakes/Since_1970/MapServer/0",{ mode: FeatureLayer.
MODE_SELECTION, outFields: ["Magnitude"]});
```

4.3 设置定义表达式

定义表达式用来限制输出到客户端且满足属性约束的特征。FeatureLayer 包含一个用来创建定义表达式的 setDefinitionExpression() 函数。满足指定条件的所有特征将会显示到地图上。表达式创建通过传统的 SQL 表达式进行，如下列代码所示。

```
FeatureLayer.setDefinitionExpression("PROD_GAS='Yes'");
```

还可以通过 FeatureLayer.getDefinitionExpression() 方法获取当前设置的定义表达式，它返回的是一个包含表达式的字符串。

4.4 特征选择

特征图层还支持特征选择，作为一个图层中特征的子集，可用来查看、编辑、分析或者作为其他操作的输入。特征可以从使用空间或者属性条件的选择集中进行添加或者移除，并且比图层中使用的普通显示更容易以不同的符号进行绘制。FeatureLayer 的 selectFeatures(query) 方法用来创建选择集并接收 Query 对象作为输入。下列示例代码说明了这一点。

```
var selectQuery = new Query();
selectQuery.geometry = geometry;
featureLayer.selectFeatures(selectQuery,FeatureLayer.SELECTION_NEW);
```

到现在我们还没有讨论到 Query 对象，但是可以想到它是用来作为属性或者空间查询定义的输入参数。在这个特定的代码示例中，定义了一个空间查询。

图 4-3 显示的是被选中的特征。选择符号样式已经应用到被选中的特征上。

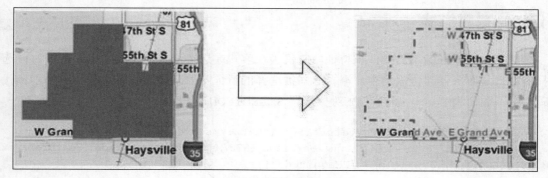

图 4-3　被选中特征

通过应用程序或者地图文档文件内部的图层来为图层设置定义表达式都是不错的方法。为选中特征设置符号非常简单，仅需要创建一个符号，然后调用 FeatureLayer 的 setSelectionSymbol()方法。被选中特征会自动分配该符号。你可以选择定义一个新的选择集、为已有的选择集添加特征，或者通过各种常量（包括 SELECTION_NEW、SELECTION_ADD 和 SELECTION_SUBTRACT）从选择集中移除特征。下列代码定义了一个新的选择集。

```
featureLayer.selectFeatures(selectQuery,FeatureLayer.SELECTION_NEW);
```

除此之外，我们还可以定义回调和错误返回函数来处理返回的特征或者处理任何错误。

4.5　特征图层渲染

渲染器可以用来为特征图层或者图形图层定义一组符号。这些符号基于某个属性拥有不同的颜色或者大小。ArcGIS API for JavaScript 中有五种不同类型的渲染器，分别是 SimpleRenderer、ClassBreaksRenderer、UniqueValueRenderer、DotDensityRenderer 和 TemporalRenderer。在本节中我们将详细介绍每一种渲染器。

无论使用哪一种渲染器，渲染的过程步骤都是一样的。首先需要创建一个渲染器实例。

然后定义渲染符号，最后为特征图层应用此渲染器。图 4-4 显示的是渲染过程。

图 4-4   渲染过程

下列示例代码显示了基本的编程结构，即为一个 FeatureLayer 对象创建和应用渲染器。

```
var renderer = new ClassBreaksRenderer(symbol, "POPSQMI");
renderer.addBreak(0, 5, new SimpleFillSymbol().setColor(new Color([255, 0, 0, 0.5])));
renderer.addBreak(5.01, 10, new SimpleFillSymbol().setColor(new Color([255, 255, 0, 0.5])));
renderer.addBreak(10.01, 25, new SimpleFillSymbol().setColor(new Color([0, 255, 0, 0.5])));
renderer.addBreak(25.01, Infinity, new SimpleFillSymbol().setColor(new Color([255, 128, 0, 0.5])));
featureLayer.setRenderer(renderer);
```

最简单的渲染器类型是 SimpleRenderer，它简单地为所有图形设置同样的符号。

UniqueValueRenderer 可以用来符号化图形，它根据包含字符串数据的典型字段来匹配属性，如图 4-5 所示。

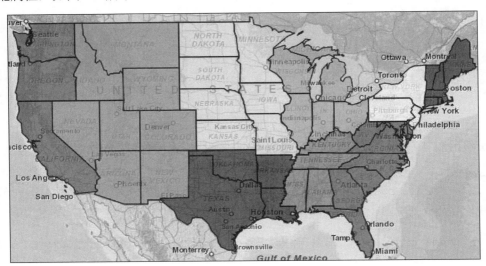

图 4-5   唯一值符号化渲染

比如有一个州特征类，你可能希望根据州名来符号化每一个特征，即每一个州拥有不同的符号。下列示例代码显示了如何以编程方式创建一个 UniqueValueRenderer 并为其添加值和符号。

```
var renderer = new UniqueValueRenderer(defaultSymbol, "REGIONNAME");
renderer.addValue("West", new SimpleLineSymbol().setColor(new Color([255,
255, 0, 0.5])));
renderer.addValue("South", new SimpleLineSymbol().setColor(new Color([128,
0, 128, 0.5])));
renderer.addValue("Mountain", new SimpleLineSymbol().setColor(new Color([255,
0, 0, 0.5])));
```

ClassBreaksRenderer 用于以数字属性存储的数据。每一个图形根据数据分级中特定属性的值进行符号化。如图 4-6 所示，可以看到 ClassBreaksRenderer 已经应用到 KANSAS 城镇化数据中。

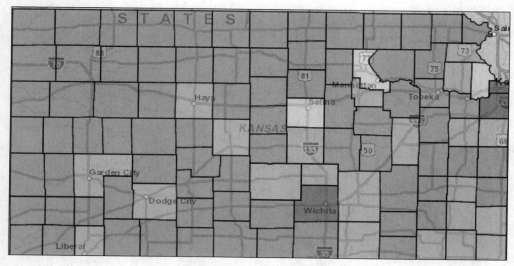

图 4-6　分级符号化渲染

分级用来定义需要改变符号的值。比如，一个 Parcel 特征类，你可能想根据 PROPERTYVALUE 字段的值来符号化 Parcel。那么首先需要创建一个新的 ClassBreaksRenderer，然后为数据定义分级。Infinity 和 -Infinity 值可以用来作为数据的下限和上限，如下列示例代码，我们使用 Infinity 关键字来表示任何大于 250 000 的分级类。

```
var renderer = new ClassBreaksRenderer(symbol, "PROPERTYVALUE");
renderer.addBreak(0, 50000, new SimpleFillSymbol().setColor(new Color([255,
0, 0, 0.5])));
```

```
    renderer.addBreak(50001, 100000, new SimpleFillSymbol().setColor(new
Color([255, 255, 0, 0.5])));
    renderer.addBreak(100001, 250000, 50000, new SimpleFillSymbol().setColor
(new Color([0, 255, 0, 0.5])));
    renderer.addBreak(250001, Infinity, new SimpleFillSymbol().setColor(new
Color([255, 128, 0, 0.5])));
```

TemporalRenderer 提供基于时间的特征渲染。这种类型的渲染器常用来显示历史信息或者靠近实时的数据。它允许定义观察物和轨迹是如何进行渲染的。

下列代码显示如何通过 ClassBreaksRenderer 来创建一个 TemporalRenderer 并且应用到 FeatureLayer 对象。ClassBreaksRenderer 通过量级来定义符号，量级越大，符号越大。

```
// temporal renderer
var observationRenderer = new ClassBreaksRenderer(new SimpleMarkerSymbol(),
"magnitude");

observationRenderer.addBreak(7, 12, new SimpleMarkerSymbol(SimpleMarkerSymbol.
STYLE_SQUARE, 24, new SimpleLineSymbol().
    setStyle(SimpleLineSymbol.STYLE_SOLID).setColor(new
Color([100,100,100])),new Color([0,0,0,0])));

observationRenderer.addBreak(6, 7, new SimpleMarkerSymbol(SimpleMarkerSymbol.
STYLE_SQUARE, 21, new SimpleLineSymbol().
    setStyle(SimpleLineSymbol.STYLE_SOLID).setColor(new Color([100,100,100])),
new Color([0,0,0,0])));

observationRenderer.addBreak(5, 6, new SimpleMarkerSymbol(SimpleMarkerSymbol.
STYLE_SQUARE, 18,new SimpleLineSymbol().
    setStyle(SimpleLineSymbol.STYLE_SOLID).setColor(new  Color([100,100,100])),
new Color([0,0,0,0])));

observationRenderer.addBreak(4, 5, new SimpleMarkerSymbol(SimpleMarkerSymbol.
STYLE_SQUARE, 15,new SimpleLineSymbol().
    setStyle(SimpleLineSymbol.STYLE_SOLID).setColor(new  Color([100,100,100])),
new Color([0,0,0,0])));

observationRenderer.addBreak(3, 4, new SimpleMarkerSymbol(SimpleMarkerSymbol.
STYLE_SQUARE, 12,new SimpleLineSymbol().
    setStyle(SimpleLineSymbol.STYLE_SOLID).setColor(new  Color([100,100,100])),
new Color([0,0,0,0])));
```

```
observationRenderer.addBreak(2, 3, new SimpleMarkerSymbol(SimpleMarkerSymbol.
STYLE_SQUARE, 9,new SimpleLineSymbol().
   setStyle(SimpleLineSymbol.STYLE_SOLID).setColor(new  Color([100,100,100])),
new Color([0,0,0,0])));

observationRenderer.addBreak(0, 2, new SimpleMarkerSymbol(SimpleMarkerSymbol.
STYLE_SQUARE, 6,new SimpleLineSymbol().
   setStyle(SimpleLineSymbol.STYLE_SOLID).setColor(new  Color([100,100,100])),
new Color([0,0,0,0])));

var infos = [
  { minAge: 0, maxAge: 1, color: new Color([255,0,0])},
  { minAge: 1, maxAge: 24, color: new Color([49,154,255])},
  { minAge: 24, maxAge: Infinity, color: new Color([255,255,8])}
];
var ager = new TimeClassBreaksAger(infos, TimeClassBreaksAger.UNIT_HOURS);
var renderer = new TemporalRenderer(observationRenderer, null, null, ager);
featureLayer.setRenderer(renderer);
```

这里定义了一个 ager 符号，用来决定随着时间更新特征的符号该如何变化。

最后一个我们需要讨论的渲染器是 DotDensityRenderer。图 4-7 描述了使用 DotDensityRenderer 创建的地图。

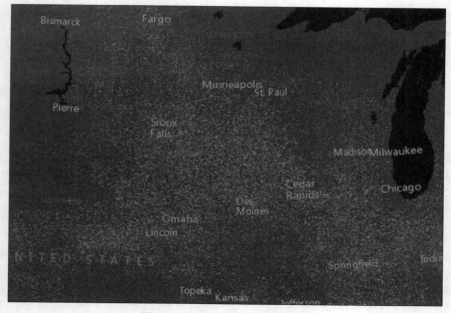

图 4-7　DotDensityRenderer 渲染

该类型渲染器允许我们创建 DotDensityRenderer，并用来显示离散空间的密度分布情况（比如人口密度）。

下列代码基于 pop 字段创建 dotValue 值为 1 000，dotSize 值等于 2 的 DotDensity-Renderer，即创建每两个像素一个点代表人口 1 000。

```
var dotDensityRenderer = new DotDensityRenderer({
  fields: [{
      name: "pop",
      color: new Color([52, 114, 53])
  }],
  dotValue: 1000,
  dotSize: 2
});

layer.setRenderer(dotDensityRenderer);
```

4.6 特征图层练习

本练习中将使用 FeatureLayer 对象在地图上设置定义表达式，根据满足定义表达式的特征进行图形绘制，响应特征的鼠标经过事件。

执行下面的代码来完成练习。

1. 打开 JavaScript 沙盒地址：http://developers.arcgis.com/en/javascript/sandbox/sandbox.html。

2. 移除下列加粗的自标签<script>后的 JavaScript 内容。

```
<script>
  dojo.require("esri.map");

  functioninit(){
  var map = new esri.Map("mapDiv", {
          center: [-56.049, 38.485],
          zoom: 3,
          basemap: "streets"
      });
  }
  dojo.ready(init);
</script>
```

3. 在<script>标签内创建应用程序中使用的变量。

```
<script>
  var map;
</script>
```

4. 创建应用程序中定义资源的 `require()` 函数。

```
<script type="text/javascript" language="Javascript">
  var map;
  require(["esri/map", "esri/layers/FeatureLayer", "esri/symbols/Simple
FillSymbol",
    "esri/symbols/SimpleLineSymbol", "esri/renderers/SimpleRenderer", "esri/
InfoTemplate", "esri/graphic", "dojo/on", "dojo/_base/Color", "dojo/domReady!"],
    function(Map,FeatureLayer, SimpleFillSymbol, SimpleLineSymbol, SimpleRenderer,
InfoTemplate, Graphic, on, Color) {
    });
</script>
```

5. 打开如下网址：http://sampleserver1.arcgisonline.com/ArcGIS/rest/services/Demographics/
ESRI_Census_USA/MapServer/5。本练习中我们将使用 `states` 图层。我们要做的是对
`states` 图层应用定义表达式来显示那些平均年龄大于 36 的州。这些州以图形方式显
示在地图上，并且当用户鼠标经过满足定义表达式的州时会弹出一个信息窗口来展示该
州人口的平均年龄、男性平均年龄和女性平均年龄。此外，该州的轮廓以红色显示。
`states` 图层中我们需要使用的字段包括 `STATE_NAME`、`MED_AGE`、`MED_AGE_M` 和
`MED_AGE_F`。

6. 如下列代码所示创建 Map 对象。

```
<script type="text/javascript" language="Javascript">
          var map;
      require(["esri/map", "esri/layers/FeatureLayer", "esri/symbols/
SimpleFillSymbol",
          "esri/symbols/SimpleLineSymbol", "esri/renderers/SimpleRenderer",
"esri/InfoTemplate","esri/graphic","dojo/on",
          "dojo/_base/Color", "dojo/domReady!"],
      function(Map,FeatureLayer, SimpleFillSymbol,
          SimpleLineSymbol, SimpleRenderer, InfoTemplate, Graphic,
on, Color) {
          map = new Map("mapDiv", {
            basemap: "streets",
            center: [-96.095,39.726], // long, lat
            zoom: 4,
```

```
        sliderStyle: "small"
    });
        });
</script>
```

7. 添加 `map.load` 事件来触发用于清除任何存在的图形和信息窗口的 `map.graphics.mouse-out` 事件。下列代码说明了细节。

```
map = new Map("map", {
    basemap: "streets",
    center: [-96.095,39.726], // long, lat
    zoom: 4,
    sliderStyle: "small"
});

map.on("load", function() {
    map.graphics.on("mouse-out", function(evt) {
      map.graphics.clear();
      map.infoWindow.hide();
    });
});
```

8. 创建一个新的 FeatureLayer 对象来指向先前看到的 states 图层。还需要设置 SNAPSHOT 模式来返回特征、定义输出字段和设置定义表达式。为了达到目标，可以将下列代码添加到应用程序中。

```
map.on("load", function() {
  map.graphics.on("mouse-out", function(evt) {
    map.graphics.clear();
    map.infoWindow.hide();
  });
});

var olderStates = new FeatureLayer("http://sampleserver1.arcgisonline.com/
ArcGIS/rest/services/Demographics/ESRI_Census_USA/MapServer/5", {
    mode: FeatureLayer. MODE_SNAPSHOT,outFields: ["STATE_NAME", "MED_AGE",
"MED_AGE_M", "MED_AGE_F"]
    });
    olderStates.setDefinitionExpression("MED_AGE > 36");
```

这里，我们使用了 new 关键字来定义代码中由 rest 端点指向 states 图层的新的 FeatureLayer 对象。当定义 FeatureLayer 新实例时，已经包括了一些属性，如 mode

和 outFields。mode 属性可以设置成 SNAPSHOT、ONDEMAND 或 SELECTION。因为 states 图层包括相对少量的特征，所以在这种情况下我们可以使用 **SNAPSHOT** 模式。当添加到地图上时，这种模式会一次性获取所有的特征，因此不需要任何额外往返服务器来从图层中获取其他的特征。我们也可以指定 outFields 属性，它返回的是字段数组。当用户鼠标移入该州时将在信息窗口中显示这些字段。最后，为图层设置定义表达式来仅显示那些平均年龄大于 36 的特征（states）。

9. 在这一步中，将创建符号并对定义表达式返回的特征（states）应用渲染器。此外还将为地图添加 FeatureLayer。在前面步骤中已添加的代码后面添加下列代码行。

```
var olderStates = new FeatureLayer("http://sampleserver1.arcgisonline.
com/ArcGIS/rest/services/Demographics/ESRI_Census_USA/MapServer/5", {
  mode: FeatureLayer.MODE_SNAPSHOT,
  outFields: ["STATE_NAME", "MED_AGE", "MED_AGE_M", "MED_AGE_F"]
});
  olderStates.setDefinitionExpression("MED_AGE > 36");

var symbol = new SimpleFillSymbol(SimpleFillSymbol.STYLE_SOLID, new
SimpleLineSymbol (SimpleLineSymbol.STYLE_SOLID, new Color([255,255,255,0.35]),
1),new Color([125,125,125,0.35]));
  olderStates.setRenderer(new
SimpleRenderer(symbol));
map.addLayer(olderStates);
```

10. 使用前面定义的输出字段，创建一个 InfoTemplate 对象。在应用程序前面步骤添加的行下面继续添加下列代码。注意输出字段是嵌入在一对花括号中，花括号前面是一个$符号。

```
var infoTemplate = new InfoTemplate();
infoTemplate.setTitle("${STATE_NAME}");
infoTemplate.setContent("<b>Median Age: </b>${MED_AGE_M}<br/>
  "+ "<b>Median Age - Male: </b>${MED_AGE_M}<br/>"
  + "<b>Median Age - Female: </b>${MED_AGE_F}");
map.infoWindow.resize(245,125);
```

11. 然后，添加下列代码行来创建一个当用户鼠标经过某个州时显示的图形。

```
var highlightSymbol = new SimpleFillSymbol(SimpleFillSymbol.STYLE_SOLID,
new SimpleLineSymbol(SimpleLineSymbol.STYLE_SOLID,
  new Color([255,0,0]), new Color([125,125,125,0.35]))));
```

12. 最后一步是显示先前步骤中已创建的高亮符号和信息模板，即每次当用户鼠标经

过一个州时触发。添加下列代码块到先前键入的最后一行代码之后。这里，我们使用 on()
来将事件（鼠标经过）和函数关联起来，每次当事件发生时会进行响应。这种情况下，
mouse-over 事件处理程序将从 GraphicsLayer 对象中清除任何已经存在的图形，并创
建先前步骤中已创建的信息模板。同时创建高亮符号并添加到 GraphicsLayer 中，然后
显示 InfoWindow 对象。如下列代码块所示。

```
olderStates.on("mouse-over", function(evt) {
  map.graphics.clear();
  evt.graphic.setInfoTemplate(infoTemplate);
  var content = evt.graphic.getContent();
  map.infoWindow.setContent(content);
  var title = evt.graphic.getTitle();
  map.infoWindow.setTitle(title);
  var highlightGraphic = new Graphic(evt.graphic.geometry,highlightSymbol);
  map.graphics.add(highlightGraphic);
  map.infoWindow.show(evt.screenPoint,map.getInfoWindowAnchor(evt.screen
Point));
  });
```

通过检查 ArcGISJavaScriptAPI 文件夹下解决方案文件（featurelayer.html）
来验证你的代码是否正确编写。

通过单击 **Run** 按钮执行代码。假如所有代码正确编写的话，可以看到下列输出。你应
当可以看到类似图 4-8 所示的地图，鼠标经过某个高亮的州时可以看到图 4-8 所示的信息
窗口。

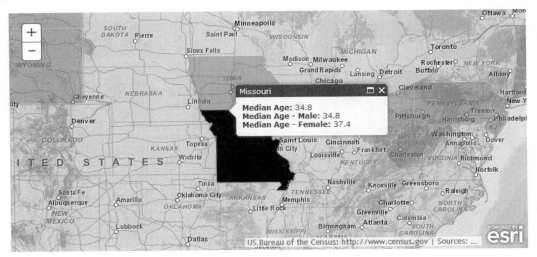

图 4-8　特征图层运行结果

4.7　总结

　　JavaScript API for ArcGIS Server 提供了 FeatureLayer 对象来处理客户端图形特征。FeatureLayer 继承自 GraphicsLayer，此外还能提供额外的功能，比如执行查询和选择操作及支持定义表达式。特征图层还可以用来进行 Web 编辑。它不同于切片地图服务图层和动态地图服务图层，因为特征图层将几何信息传输到客户端电脑上，然后显示到 Web 浏览器中。这样极大地减少了往返服务器的时间，提高了服务器端应用程序的性能。客户端根据需要请求特征，并在这些特征上执行选择和查询操作，而不需要向服务器请求更多其他的信息。FeatureLayer 对象特别适合那些需要响应用户交互（比如鼠标单击或者经过）的图层。

第 5 章
使用控件和工具栏

作为一个 GIS Web 应用程序的开发人员，想为当前所构建的应用程序创建特定的功能，但是却花费大量时间和精力在基本的 GIS 功能上（比如应用程序中的缩放和平移），这样反而会影响到基本性能。很多应用程序还需要添加一个鹰眼图、图例或者比例尺到用户界面中。幸运的是，API 已经提供这样的用户接口部件，我们可以直接将其拖拽到应用程序中，并进行相应配置，它们就能运行起来。

ArcGIS API for JavaScript 还包括通过帮助类来为应用程序添加导航栏和绘制工具栏。本章将学习如何简单地为应用程序添加这些用户界面控件。

让我们看一个 Esri 已经放在他们资源中心网站上的导航栏示例。打开浏览器访问 http://developers.arcgis.com/en/javascript/samples/toolbar_draw/。

你可能认为绘制工具栏仅是一个放进应用程序中的用户界面控件，然而实际情况却并非完全如此。ArcGIS API for JavaScript 提供一个工具栏帮助类 esri/toolbars/Draw 来辅助完成这个任务。除此之外，API 还提供一个类来处理导航任务。这些帮助类的作用是保存缩放框绘制的内容、捕获鼠标单击和其他用户发起的事件。任何一个有经验的 GIS Web 开发人员都会告诉你，这是个不可小觑的成就。将这些基础的导航功能添加到帮助类中并由 API 提供，这样可以轻松节省开发时间。

在本章中，我们将介绍如下主题。

◆ 添加应用程序工具栏。

◆ 用户界面控件。

◆ 特征编辑。

5.1　添加应用程序工具栏

API 提供了使用帮助类 Navigation 和 Draw 这两种基本类型的工具栏来添加到应用程序中。还有一个编辑工具栏可以用来在 Web 浏览器中编辑特征或者图形，我们将在后面章节讨论该工具栏。

5.1.1　创建工具栏的步骤

Navigation 和 **Draw** 工具栏不是简单地放到应用程序中的用户界面组件，它们是帮助类，我们需要遵循多个步骤并使用合适的按钮来创建工具栏。这个工具栏列表看起来有一点复杂，但是当你使用过一次或者两次之后，它们将会变得非常简单。下列是实现步骤，后续我们将逐个详细讨论。

1. 为每一个按钮定义 CSS 样式。

2. 在工具栏中创建按钮。

3. 创建一个 esri/toolbars/Navigation 或者 esri/toolbars/Draw 实例。

4. 关联按钮事件到处理函数中。

定义 CSS 样式

首先需要做的事是为那些将要包含到工具栏中的每一个按钮定义 CSS 样式。工具栏中的每一个按钮都需要一张图片或者文字，也可能两者都需要，还有按钮的宽度和高度。下列代码片段所示的每一个属性都定义在 CSS 的<style>标签中，多个按钮已经在导航工具栏中定义。让我们看一下 **Zoom Out** 按钮并且全过程跟踪这个按钮会让事情变得简单。下列代码中已经加粗显示了 **Zoom Out** 按钮。与所有其他按钮一样，我们为按钮定义一张图片（nav_zoomout.png），并为按钮设置了高度和宽度。除此之外，该样式标识符定义为.zoomoutIcon。

```
<style type="text/css">
  @import
    "http://js.arcgis.com/3.7/js/dojo/dijit/themes/claro/claro.css";
  .zoominIcon{ background-image:url(images/nav_zoomin.png);
    width:16px; height:16px; }
  .zoomoutIcon{ background-image:url(images/nav_zoomout.png);
    width:16px;height:16px; }
  .zoomfullextIcon{ background-
    image:url(images/nav_fullextent.png); width:16px;
```

```
              height:16px;    }
    .zoomprevIcon{ background-
      image:url(images/nav_previous.png);width:16px;
          height:16px;    }
    .zoomnextIcon{ background-image:url(images/nav_next.png);
      width:16px; height:16px;   }
    .panIcon{ background-image:url(images/nav_pan.png);
      width:16px; height:16px;    }
    .deactivateIcon{ background-
      image:url(images/nav_decline.png);width:16px;
          height:16px;    }
</style>
```

5.1.2　创建按钮

按钮定义在<div>标签内，如下列代码所示，它的 data-dojo-type 为 ContentPanel 这个 dijit 内部的 BorderContainer。每当创建一个按钮时，都需要为其定义引用的 CSS 样式，及当按钮单击后会发生什么。按钮使用 iconClass 属性来引用 CSS 样式。以示例中的 **Zoom Out** 按钮为例，iconClass 属性引用先前我们定义过的 zoomoutIcon 样式。zoomoutIcon 样式为按钮定义了一张图片及宽度和高度。让我们看一下下列代码片段。

```
<div id="mainWindow" data-dojo-type="dijit/layout/BorderContainer"
  data-dojo-props="design:'headline'">
  <div id="header"data-dojo-type="dijit/layout/ContentPane"
    data-dojo-props="region:'top'">
    <button data-dojo-type="dijit/form/Button"
      iconClass="zoominIcon">Zoom In</button>
    <button data-dojo-type="dijit/form/Button"
      iconClass="zoomoutIcon" >Zoom Out</button>
    <button data-dojo-type="dijit/form/Button"
      iconClass="zoomfullextIcon" >Full Extent</button>
    <button data-dojo-type ="dijit/form/Button"
      iconClass="zoomprevIcon" >Prev Extent</button>
    <button data-dojo-type="dijit/form/Button"
      iconClass="zoomnextIcon" >Next Extent</button>
    <button data-dojo-type="dijit/form/Button"
      iconClass="panIcon">Pan</button>
    <button data-dojo-type="dijit/form/Button"
      iconClass="deactivateIcon" >Deactivate</button>
  </div>
</div>
```

上面代码块用于为工具栏定义按钮。每一个按钮由 Dijit（Dojo 子项目）中使用用户界面控件 Button 创建。每一个控件封闭在<button>标签内，并放在 Web 页面中的<body>标签内，所有按钮封闭在包含 ContentPane dijit 包围的<div>标签内。

5.1.3　创建导航工具栏实例

既然按钮的可视界面已经完成，我们就需要创建 esri/toolbars/Navigation 实例来将事件和事件处理程序联系起来。创建 Navigation 类的一个实例和后续调用构造函数并将其传递到 Map 引用中一样简单。然而，首先需要确保添加了 esri/toolbars/navigation 引用。下列代码用于添加 Navigation 工具栏引用、创建工具栏、使按钮绑定单击事件和激活工具。为了便于你理解每一部分，相关行代码已经加粗显示并且加以注释。

```
<script>
  var map, toolbar, symbol, geomTask;

    require([
      "esri/map",
      "esri/toolbars/navigation",
      "dojo/parser", "dijit/registry",

    "dijit/layout/BorderContainer", "dijit/layout/ContentPane",
      "dijit/form/Button", "dojo/domReady!"
      ], function(
      Map, Navigation,
      parser, registry
    ) {
      parser.parse();

    map = new Map("map", {
      basemap: "streets",
      center: [-15.469, 36.428],
      zoom: 3
      });

      map.on("load", createToolbar);

  // loop through all dijits, connect onClick event
    // listeners for buttons to activate navigation tools
    registry.forEach(function(d) {
      // d is a reference to a dijit
      // could be a layout container or a button
```

```
    if ( d.declaredClass === "dijit.form.Button" ) {
  d.on("click", activateTool);
  }
  });

//activate tools
  function activateTool() {
  var tool = this.label.toUpperCase().replace(/ /g, "_");
  toolbar.activate(Navigation[tool]);
  }
//create the Navigation toolbar
function createToolbar(themap) {
toolbar = new Navigation(map);



  });
</script>
```

　　但愿前面 Navigation 工具栏示例已经说明了通过 JavaScript API 来为 Web 地图应用程序添加导航工具栏的步骤。你再也不用关注添加 JavaScript 代码来绘制和处理范围矩形或者为一个平移操作捕获鼠标坐标。除此之外，用户界面组件工具栏可以通过由 Dijit 类库所提供的各种用户界面控件来轻松创建。Draw 类使得在类似工具栏中支持绘制几何对象（如点、线和面）变得一样简单。

5.2 用户界面控件

　　API for JavaScript 自带多种拿来即用的控件，你可以用到应用程序中来提高开发效率。它们包括 BasemapGallery、Bookmarks、Print、Geocoder、Gauge、Measurement、Popup、Legend、Scalebar、OverviewMap、Editor、Directions、HistogramTimeSlider、HomeButton、LayerSwipe、LocateButton、TimeSlider 和 Analysis 控件。这些控件不同于先前讨论的创建 Navigation 或者 Draw 工具栏中的按钮和工具。这些控件有拿来能用的功能，通过仅仅几行代码就能应用到应用程序中，而工具栏仅仅是帮助类，它需要相当数量的 HTML、CSS 和 JavaScript 代码。

5.2.1　BasemapGallery 控件

　　BasemapGallery 控件显示一系列来自 ArcGIS.com 及用户定义的地图或图片服务中的底图。当从集合中选择一个底图后，当前的底图会被移除，而最新选择的底图会显示出来。

当添加自定义地图到 BasemapGallery 时，它们必须和画廊中其他图层拥有相同的参考系。当使用 ArcGIS.com 中的图层时，它会是 wkids 为 102100、102113 或者 3857 的 Web 墨卡托参考系（著名的 IDs 或 wkids 是空间参考系的唯一标识符）。因为性能原因，建议将所有的底图设置成切片图层。

　　当创建 BasemapGallery 控件时，有多个参数可以传入到构造函数中，如图 5-1 所示，包括显示 ArcGIS 底图的能力、定义一个或多个自定义地图到画廊中、提供一个 Bing 地图密钥和地图引用来放置画廊等。当创建 BasemapGallery 控件后，你需要调用 startup() 方法来为用户交互做准备。看一下下列代码。

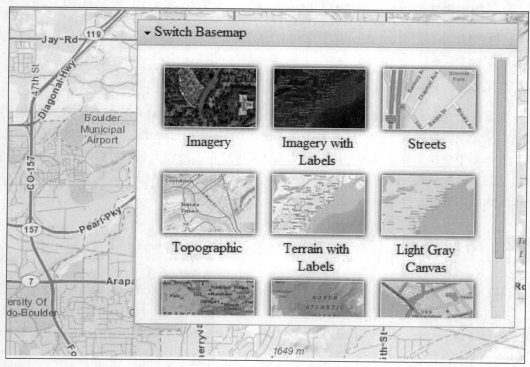

图 5-1　BasemapGallery 控件

```
require(["esri/dijit/Basemap", ...
], function(Basemap, ... ) {
    var basemaps = [];
    var waterBasemap = new Basemap({
      layers: [waterTemplateLayer],
      title: "Water Template",
      thumbnailUrl: "images/waterThumb.png"
```

```
    });
    basemaps.push(waterBasemap);
...
});
```

上述代码示例中，创建了一个带标题、缩略图和包含唯一图层数组的 Basemap 对象。这个 Basemap 对象之后会放入底图数组中并被添加到控件中。

5.2.2　Bookmarks 控件

Bookmarks 控件用来为终端用户显示一系列指定的地理范围。控件上单击书签的名字将自动按照书签提供的范围设置地图范围。使用该控件可以添加新的书签、删除已经存在的书签和更新书签。书签在 JavaScript 代码中定义成包含名称、范围和边界坐标属性的 JSON 对象。调用 Bookmark.addBookmark() 来添加书签到控件上，如图 5-2 所示。

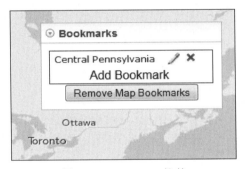

图 5-2　Bookmarks 控件

然后看下列代码片段。

```
require([
"esri/map", "esri/dijit/Bookmarks", "dojo/dom", ...
], function(Map, Bookmarks, dom, ... ) {
    var map = new Map( ... );
    var bookmarks = new Bookmarks({
      map: map,
      bookmarks: bookmarks
    }, dom.byId('bookmarks'));
...
});
```

上述代码示例中，创建了一个新的 Bookmarks 对象。它附加到地图上，并且添加了一系列 JSON 格式的书签。

5.2.3　Print 控件

Print 控件是一个很受欢迎的工具，它简化了 Web 应用程序中进行的地图打印。它为地图使用默认或者用户定义布局。这个控件需要使用 ArcGIS Server 10.1 或者更高的导出 Web 地图任务。如图 5-3 所示。

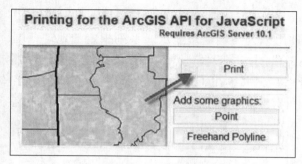

图 5-3　Print 控件

如下列代码片段所示。

```
require([
"esri/map", "esri/dijit/Print", "dojo/dom"...
], function(Map, Print, dom, ... ) {
    var map = new Map( ... );
    var printer = new Print({
      map: map,
      url: " http://servicesbeta4.esri.com/arcgis/rest/services/Utilities/
ExportWebMap/GPServer/Export%20Web%20Map%20Task"
    }, dom.byId("printButton"));
...
});
```

上述代码示例中创建了一个新的 Print 控件。URL 属性用来将控件指向 **Print** 任务，并且将控件和页面上的 HTML 关联在一起。

5.2.4　Geocoder 控件

Geocoder 控件可以轻松将地理编码功能添加到应用程序中。这个控件包括一个单行文本框，当终端用户开始键入地址的时候会自动过滤结果。通过设置 autoComplete 属

性为 `true` 来启用自动完成功能。默认地理编码控件使用 ESRI World Locator 服务。当然你也可以通过设置 `geocoder` 属性来改变这个值，如图 5-4 所示。

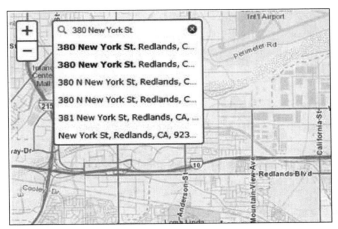

图 5-4　Geocoder 控件

该控件还可以自动为用户输入的任何字符串追加值。比如，在一个本地应用程序中，可能想要总是向任意已键入的地址后追加一个特定的城市和州，它是通过 `suffix` 属性来完成的。要想启用地图来显示地理编码地址的位置，可以设置 `autoNavigate` 为 `true`。很显然从 Locator 返回会有多个可能的位置，可以通过设置 `maxLocations` 属性来限定一个最大数量的返回位置。在接下来的练习当中，将学会如何添加 Geocoder 控件到应用程序中。

Geocoder 控件练习

在本练习中，将学会如何添加 Geocoder 控件到应用程序中。

1. 打开 JavaScript 沙盒地址：http://developers.arcgis.com/en/javascript/sandbox/sandbox.html。

2. 将 `<style>` 标签中的代码修改成如下所示。

```
<style>
html, body, #mapDiv {
height:100%;
width:100%;
margin:0;
padding:0;
}
body {
```

```
background-color:#FFF;
overflow:hidden;
font-family:"Trebuchet MS";
}
#search {
display: block;
position: absolute;
z-index: 2;
top: 20px;
left: 75px;
}
</style>
```

3. 移除下列<script>标签中加粗的 JavaScript 内容。

```
<script>
dojo.require("esri.map");

function init(){
var map = new esri.Map("mapDiv", {
center: [-56.049, 38.485],
zoom: 3,
basemap: "streets"
    });
  }
dojo.ready(init);
</script>
```

4. 我们已经有一个地图容器<div>。在这一步中，将要创建第二个<div>标签来作为 Geocoding 控件的容器。为控件添加容器，如下列加粗代码所示，为这个<div>标签设置一个专门的 id 为 search。它将和我们在文件最上面定义的 CSS 样式对应，如下列加粗代码片段所示，它用来将 HTML <div>标签和 CSS 联系在一起。

```
<body class="tundra">
  <div id="search"></div>
  <div id="mapDiv"></div>
</body>
```

5. 创建变量来容纳地图和 geocoder 对象，如下所示。

```
<script>
var map, geocoder;
</script>
```

6. 在<script>标签内，添加 require() 函数并创建一个 Map 对象，如下所示。

```
<script>
var map, geocoder;

require([
        "esri/map", "esri/dijit/Geocoder", "dojo/domReady!"
    ],function(Map, Geocoder) {
map = new Map("mapDiv",{
basemap: "streets",
center:[-98.496,29.430], //long, lat
zoom: 13
        });
    });
</script>
```

7. 如下列代码所示创建 Geocoder 控件。

```
require([
    "esri/map", "esri/dijit/Geocoder", "dojo/domReady!"
  ],function(Map, Geocoder) {
    map = new Map("map",{
        basemap: "streets",
        center:[-98.496,29.430], //long, lat
        zoom: 13
    });

    var geocoder = new Geocoder({
        map: map,
        autoComplete: true,
        arcgisGeocoder: {
          name: "Esri World Geocoder",
          suffix: " San Antonio, TX"
        }
    },"search");
    geocoder.startup();

});
```

完整代码如下所示。

```
<!DOCTYPE html>
<html>
```

```html
<head>
<meta http-equiv="Content-Type" content="text/html;
  charset=utf-8"/>
<meta http-equiv="X-UA-Compatible" content="IE=7, IE=9,
  IE=10"/>
<meta name="viewport" content="initial-scale=1,
  maximum-scale=1,user-scalable=no"/>
<title>Geocoding Widget API for JavaScript | Simple
  Geocoding</title>
<link rel="stylesheet"
  href="http://js.arcgis.com/3.7/js/esri/css/esri.css">
<style>
html, body, #mapDiv {
    height:100%;
    width:100%;
    margin:0;
    padding:0;
}
#search {
    display: block;
    position: absolute;
    z-index: 2;
    top: 20px;
    left: 74px;
}
</style>
<script src="http://js.arcgis.com/3.7/"></script>
<script>
var map, geocoder;

require([
        "esri/map", "esri/dijit/Geocoder", "dojo/domReady!"
    ], function(Map, Geocoder) {
map = new Map("mapDiv",{
    basemap: "streets",
    center:[-98.496,29.430], //long, lat
    zoom: 13
});
var geocoder = new Geocoder({
    map: map,
    autoComplete: true,
    arcgisGeocoder: {
```

```
    name: "Esri World Geocoder",
    suffix: " San Antonio, TX"
  }
 },"search");
geocoder.startup();
});
</script>
</head>
<body>
    <div id="search"></div>
    <div id="mapDiv"></div>
</body>
</html>
```

8. 单击 **Run** 按钮执行代码，将会看到图 5-5 所示的结果，注意观察 Geocoder
控件。

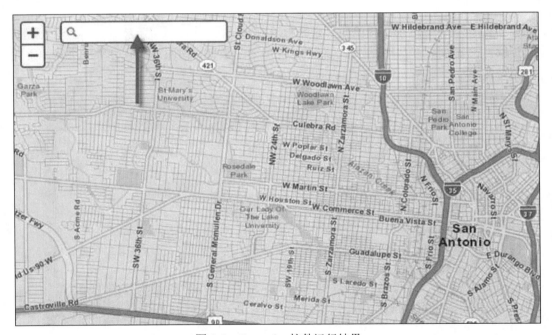

图 5-5　Geocoder 控件运行结果

9. 开始输入地址 San Antonio, TX，可以使用 1202 Sand Wedge 为例。当开始
输入地址时自动完成会出来。当看到地址时，从列表中选择它。控件会地理编码该地址并
定位地图以便于让地址在地图上居中显示，如图 5-6 所示。

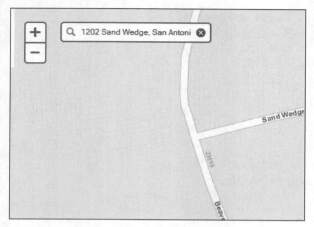

图 5-6   Geocoder 控件使用效果

5.2.5   Gauge 控件

Gauge 控件在半圆仪器界面上显示来自 FeatureLayer 或者 GraphicsLayer 的数值型数据。它可以指定仪表指示器的颜色、使用数值数据字段来驱动仪器、一个标注字段、一个参考图层、一个最大数据值、一个标题和更多，如图 5-7 所示。

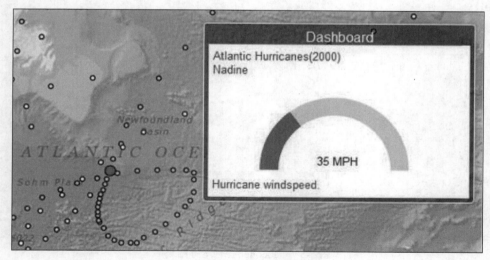

图 5-7   Gauge 控件

如下列代码所示。

```
require([
  "esri/dijit/Gauge", ...
```

```
], function(Gauge, ... ) {
var gaugeParams = {
    "caption": "Hurricane windspeed.",
    "color": "#c0c",
    "dataField": "WINDSPEED",
    "dataFormat": "value",
    "dataLabelField": "EVENTID",
    "layer": fl, //fl previously defined as FeatureLayer
    "maxDataValue": 120,
    "noFeatureLabel": "No name",
    "title": "Atlantic Hurricanes(2000)",
    "unitLabel": "MPH"
  };
var gauge = new Gauge(gaugeParams, "gaugeDiv");
  ...
});
```

上述代码显示了 Gauge 控件的创建。多个参数传递到 gauge 构造函数中，包括标题、颜色、数据域、图层、最大数据值和更多内容。

5.2.6 Measurement 控件

Measurement 控件提供三种工具来为终端用户测量长度和面积以及获取鼠标的坐标。如图 5-8 所示。

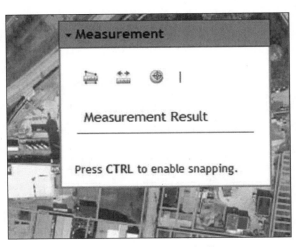

图 5-8 Measurement 控件

Measurement 控件还提供改变测量的单位，如下所示。

```
var measurement = new Measurement({
  map: map
}, dom.byId("measurementDiv"));
measurement.startup();
```

上述示例代码显示了如何创建 Measurement 控件的实例，并且将其添加到应用程序中。

5.2.7 Popup 控件

Popup 控件功能上和默认的信息窗口相似，都是用来显示特征或者图形的属性信息。实际上，从 3.4 版本的 API 开始，这个控件已经取代 infoWindow 参数来显示默认的窗口。然而，它还包括其他功能，比如缩放和特征高亮、多选处理和最大化窗口按钮。界面还可以通过 CSS 来设计样式。请参考图 5-9 作为示例来显示 Popup 控件中的内容。

图 5-9　Popup 控件

从 3.4 版本 API 开始，Popup 控件支持从右到左（RTL）绘制文本，支持的 RTL 语言有 Hebrew 和 Arabic 等。RTL 的支持将会自动启用，如果页面方向使用 dir 属性设置为 RTL，默认值是从左到右（LTR），如下列代码片段所示。

```
//define custom popup options
var popupOptions = {
  markerSymbol: new SimpleMarkerSymbol("circle", 32, null, new Color([0, 0,
0, 0.25])),
  marginLeft: "20",
  marginTop: "20"
};
//create a popup to replace the map's info window
var popup = new Popup(popupOptions, dojo.create("div"));
```

```
map = new Map("map", {
  basemap: "topo",
  center: [-122.448, 37.788],
  zoom: 17,
  infoWindow: popup
});
```

上述代码示例中，创建了一个 JSON 格式的 popupOptions 对象来定义弹出框的符号和边距。该 popupOptions 对象之后会传递到 Popup 对象的构造函数中。最后，该 Popup 对象传递到 infoWindow 参数中，用来指定 Popup 对象应当用来作为一个信息窗口。

5.2.8　Legend 控件

Legend 控件用来显示地图上某些或者全部图层的标签和符号，如图 5-10 所示。它有遵循范围依赖的能力以便于当在应用程序中进行放大或者缩小至不同尺度范围时，会根据图例值更新来反映图层的可见性。Legend 控件支持 ArcGISDynamicMapServiceLayer、ArcGISTiled MapServiceLayer 和 FeatureLayer。

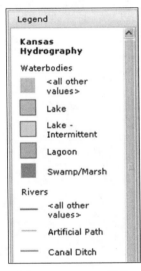

当创建一个新的 Legend 控件实例时，将会指定各种参数来控制图例的内容和显示特征。arrangement 参数用来指定图例在 HTML 元素容器内的对齐方式，它可以定义成左对齐或者右对齐。autoUpdate 属性可以设置为 true 或者 false，如果为 true，当地图范围改变、图层添加到地图或者从地图上移除时，图例会自动更新。layerInfos 参数用来指定图例中图层的子集。respectCurrentMapScale 可以设置为 true 来自动触发基于每一个图层的尺度范围的图例更新。最后，都需要调用 startup() 方法来显示新创建的图例。

图 5-10　Legend 控件

```
var layerInfo = dojo.map(results, function(layer,index){
  return {
    layer: layer.layer,
    title: layer.layer.name
  };
});
if(layerInfo.length > 0){
  var legendDijit = new Legend({
```

```
    map: map,
    layerInfos: layerInfo
  },"legendDiv");
  legendDijit.startup();
}
```

上述示例代码显示了如何创建一个 Legend 控件并将其添加到应用程序中。

5.2.9　OverviewMap 控件

OverviewMap 控件用来显示当前上下文中较大区域内主地图的范围。这个鹰眼图每次当主地图范围改变时都会更新。主地图范围在鹰眼图中以一个矩形框表示。通过拖拽这个矩形范围框可以改变主地图的范围。

鹰眼图显示在主地图的拐角处，在不需要的时候可以隐藏起来。它可以放在主地图窗口以外的一个<div>元素的内部或者临时最大化作为感兴趣地点的快捷访问，如图 5-11 所示。

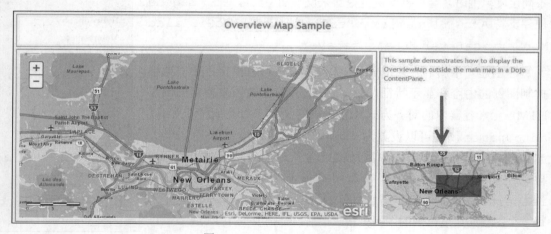

图 5-11　OverviewMap 控件

OverviewMap 控件对象的构造函数接收多个可选参数。这些参数允许对特征进行控制，比如相对于主地图，鹰眼图放置在哪个位置、范围矩形框的颜色、最大化按钮的外观和鹰眼图的初始可见性。如下列代码所示。

```
var overviewMapDijit = new OverviewMap({map:map, visible:true});
overviewMapDijit.startup();
```

上述代码说明了如何创建 OverviewMap 控件。

5.2.10 Scalebar 控件

Scalebar 控件用来为地图添加一个比例尺或者特定的 HTML 节点。Scalebar 控件以英制或者公制来作为显示的计量单位。在 3.4 版本的 API 中，可以通过设置 scalebarUnits 属性为 dual 来同时显示英制和公制数值，还可以通过 attachTo 参数来控制比例尺的位置。默认比例尺放在地图的左下角，如图 5-12 所示。

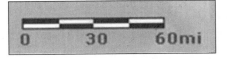

图 5-12　Scalebar 控件

如下列代码所示。

```
var scalebar = new esri.dijit.Scalebar({map:map,
  scalebarUnit:'english'});
```

上述代码示例说明了如何以英制计量单位创建 Scalebar 控件。

5.2.11 Directions 控件

Directions 控件让计算两个或多个输入位置的方向变得简单。由此产生的方向，如图 5-13 所示，显示了详细的指示和一个可选的地图。假如地图和该控件关联的话，路线的方向和停留点会显示在地图上。显示在地图上的停留点是可交互的，所以你可以单击它们，将会显示该停留点信息的弹出框或者拖拽该停留点到一个新的位置来重新计算路径，如图 5-13 所示。

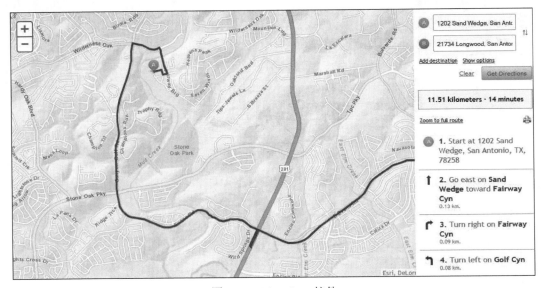

图 5-13　Directions 控件

看一看下列代码片段。

```
var directions = new Directions({
    map: map
},"dir");

directions.startup();
```

上述代码示例说明了 Directions 对象的创建。

5.2.12　HistogramTimeSlider 控件

HistogramTimesSlider 控件提供了以时间柱状图来代表地图上的启用时间图层的数据。通过 UI 界面，用户可以临时控制显示数据，使用 TimeSlider 控件的扩展，如图 5-14 所示。

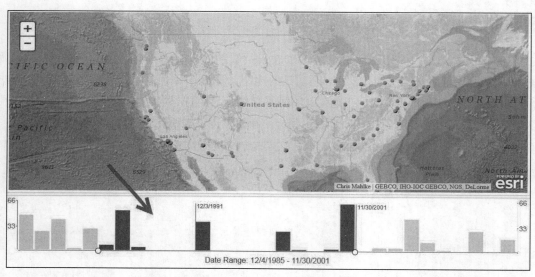

图 5-14　HistogramTimesSlider 控件

看一看下列代码片段。

```
require(["esri/dijit/HistogramTimeSlider", ... ],
function(HistogramTimeSlider, ... ){
  var slider = new HistogramTimeSlider({
    dateFormat: "DateFormat(selector: 'date', fullYear: true)",
    layers : [ layer ],
    mode: "show_all",
```

```
        timeInterval: "esriTimeUnitsYears"
    }, dojo.byId("histogram"));
    map.setTimeSlider(slider);
});
```

上述代码示例，创建了 HistogramTimesSlider 对象并且将其和地图进行关联。

5.2.13 HomeButton 控件

HomeButton 控件就是一个简单的按钮，可以添加到应用程序中，它返回的是地图的初始范围。如图 5-15 所示。

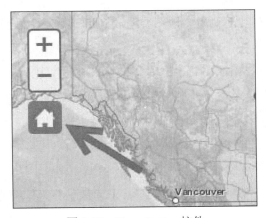

图 5-15 HomeButton 控件

看一看下列代码。

```
require([
        "esri/map",
"esri/dijit/HomeButton",
        "dojo/domReady!"
    ], function(
        Map, HomeButton
    ) {

var map = new Map("map", {
    center: [-56.049, 38.485],
    zoom: 3,
    basemap: "streets"
});
```

```
var home = new HomeButton({
map: map
}, "HomeButton");
home.startup();

});
```

上述代码说明了 HomeButton 控件的创建。

5.2.14　LocateButton 控件

LocateButton 控件可用来查找并缩放到用户当前的位置。这个控件使用 Geolocation API 来查找用户当前位置。一旦找到位置，地图会缩放到那个位置，如图 5-16 所示。该控件提供可选项允许开发人员定义如下方面。

◆ HTML5 geolocationposition 提供选项来查找一个位置，比如 maximumAge 和 timeout。timeout 属性定义最大时间，用来确定一个设备的位置。而 maximumAge 属性定义找到当该设备的新位置前的最大时间。

◆ 定义一个自定义符号来高亮地图上当前用户位置的能力。

◆ 当找到一个位置后缩放的比例。

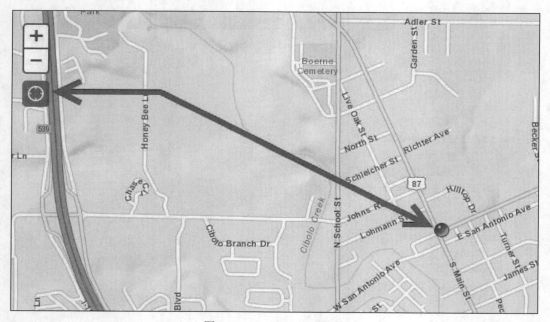

图 5-16　LocateButton 控件

看一看下列代码片段。

```
geoLocate = new LocateButton({
    map: map,
    highlightLocation: false
}, "LocateButton");
geoLocate.startup();
```

上述代码示例说明了如何创建一个 LocateButton 控件的实例，并将其添加到地图上。

5.2.15 TimeSlider 控件

TimeSlider 控件用在可视化地启用时间的图层。TimeSlider 控件有两个配置大拇指，因此数据只有在两拇指位置的时间帧上才会显示。setThumbIndexes() 方法决定每一个拇指的初始位置。在这种情况下，一个拇指添加在初始开始时间点上，另一个拇指则在更高的一个时间点上，如图 5-17 所示。

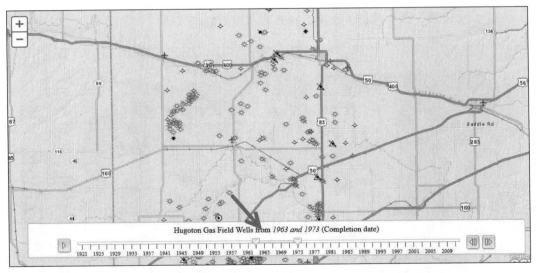

图 5-17　TimeSlider 控件

看一看下列代码片段。

```
var timeSlider = new TimeSlider({
    style: "width: 100%;"
}, dom.byId("timeSliderDiv"));
map.setTimeSlider(timeSlider);
```

```
var timeExtent = new TimeExtent();
timeExtent.startTime = new Date("1/1/1921 UTC");
timeExtent.endTime = new Date("12/31/2009 UTC");
timeSlider.setThumbCount(2);
timeSlider.createTimeStopsByTimeInterval(timeExtent, 2,
"esriTimeUnitsYears");
timeSlider.setThumbIndexes([0,1]);
timeSlider.setThumbMovingRate(2000);
timeSlider.startup();
```

上述代码示例说明了如何创建一个 TimeSlider 对象的实例,并设置多个属性,包括开始和结束时间。

5.2.16　LayerSwipe 控件

LayerSwipe 控件提供一个简单的工具来显示地图最上面的一个或多个图层的一部分。我们可以轻易地比较地图上多个图层的内容,然后使用该控件来显示地图上的图层内容,如图 5-18 所示。该控件提供水平、垂直和范围查看模式。

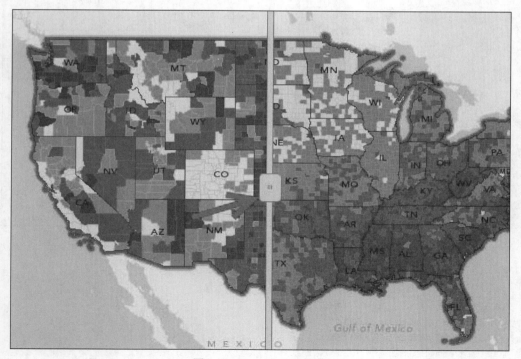

图 5-18　LayerSwipe 控件

看一看下列代码片段。

```
varswipeWidget = new LayerSwipe({
    type: "vertical",
    map: map,
    layers: [swipeLayer]
}, "swipeDiv");
swipeWidget.startup();
```

上述代码显示了如何创建 LayerSwipe 的实例，并将其添加到地图上。

5.2.17 Analysis 控件

在 3.7 版本发布的 ArcGIS API for JavaScript 中引入了多种新的 Analysis 控件。Analysis 控件提供访问 ArcGIS 控件分析服务，它允许通过 API 对存储数据执行普通空间分析。上述截图显示了部分 SummarizeNearby 控件，它是 12 个 Analysis 控件中的一个。Analysis 控件包括以下 12 个控件。

- AnalysisBase。

- AggregatePoints。

- CreateBuffers。

- CreateDriveTimeAreas。

- DissolveBoundaries。

- EnrichLayer。

- ExtractData。

- FindHotSpots。

- FindNearest。

- MergeLayers。

- OverlayLayers。

- SummarizeNearby。

- SummarizeWithin。

ArcGIS.com 订阅要求使用这些控件。你不仅需要使用 ArcGIS.com 账号来存储数据，而且需要登录进去作为一个信用基础的服务来执行一个分析工作。然而执行分析任务和托管特征服务，并不提供给个人账号的用户使用。

5.3　特征编辑

ArcGIS API for JavaScript 支持以企业地理数据库格式存储的数据进行简单地特征编辑。也就是说数据需要存储在一个企业地理数据库中，然后通过 ArcSDE 进行管理。

编辑遵循"最后胜利"的概念。比如，两个人同时编辑一个图层中的同一个特征，并提交修改，最后一个编辑者提交的更改会覆盖第一个编辑者所做出的任何修改。很显然，在某些情况下，这样做会出现问题，因此在应用程序执行编辑之前，需要检查数据是如何受影响的。

其他编辑的特征包括支持域和子类别、模板样式编辑和编辑独立的表格以及附件的功能。使用编辑选项时，需要使用 FeatureService 和 FeatureLayer。编辑请求通过 HTTPpost 请求提交到服务器，大多数情况下需要使用请求代理。

编辑支持包括特征编辑，包含简单特征的创建和删除，以及通过移动、裁剪、合并和重塑来修改特征的功能。除此之外，特征属性可以编辑，文档可以和特征关联，以及注释可以添加到特征上等。

5.3.1　特征服务

Web 编辑需要一个特征服务来提供符号化和几何数据特征。这个特征服务就是一个启用了特征访问能力的地图服务。它允许地图服务以简单方式暴露特征几何信息和符号给 Web 应用程序来使用和更新。

在创建一个 Web 编辑应用程序之前，首先需要创建一个特征服务来暴露需要编辑的图层。这涉及设置一个地图文档和定义编辑的一些模板。模板允许我们预先配置一些常用的特征类型的符号和属性信息。例如，准备编辑河流，可能为"major rivers"、"minor rivers"、"streams"和"tributaries"配置模板。模板是可选项，但是它们让应用程序终端用户创建常用特征变得更加容易。

当地图完成后，需要将它发布到 ArcGIS Server 上，并且设置启用特征访问能力。它将为一个地图服务和特征服务创建 REST URLs 或者端点。然后，我们可以在应用程序中使用这些 URLs 来引用服务。

特征服务在 Web APIs 中通过我们在前面章节中已经介绍过的 FeatureLayer 对象进

行访问。特征图层可以做很多事情，并且能引用地图服务或者特征服务。但是，当使用 FeatureLayer 来完成编辑目标时，需要引用特征服务。

使用编辑功能，应用程序会通知 FeatureLayer 哪个属性已经改变，并且假如可以应用的话，几何特征是如何改变的。FeatureLayer 对象还可以显示编辑之后已更新的特征信息。我们可以在特征图层上调用 applyEdits() 方法来应用编辑，之后它会提交更改到数据库中去。

5.3.2 编辑部件

ArcGIS API for JavaScript 提供的控件让向 Web 应用程序中添加编辑功能变得更加容易。这些控件包括 Editor、TemplatePicker、AttributeInspector 和 AttachmentEditor。Editor 控件是默认的编辑界面，它包括编辑一个图层的所有功能，允许选择可提供的工具的数目和类型。TemplatePicker 显示的是地图文档中预先配置的包含了每一个图层符号的模板。这种编辑模板样式允许用户简单地选择一个图层开始编辑。AttributeInspector 控件为编辑特征的属性和确保合法数据入口提供可视化界面。最后，AttachmentEditor 将可下载的文件和一个特征联系起来。接下来我们将详细介绍这些控件。

1．Editor 控件

如图 5-19 所示，Editor 控件提供 API 中默认的编辑界面。它结合了其他控件的功能来提供编辑一个图层时所需要的一切。我们可以选择控件中可提供的工具的数目和类型。

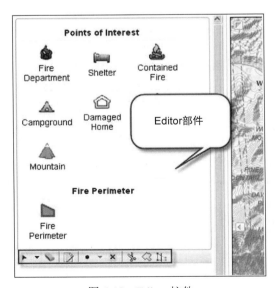

图 5-19　Editor 控件

Editor 控件会立即保存编辑，比如一旦完成绘制一个点。假如不使用 Editor 控件的话，那么必须决定何时和多久来应用编辑，如图 5-19 所示。

如下列示例代码，通过向构造函数中传递 Params 对象来创建一个 Editor 对象。输入参数 Params 对象是开发人员定义编辑应用程序中的功能。在这种情况下，仅仅是需要的选项才会被定义。需要的可选项是地图、编辑的特征图层和几何服务的 URL，看一看下列代码片段。

```
var settings = {
  map: map,
  geometryService: new GeometryService("http://servicesbeta.esri.com/
arcgis/rest/services/Geometry/GeometryServer"),
  layerInfos:featureLayerInfos
    };

var params = {settings: settings};
var editorWidget = new Editor(params);
  editorWidget.startup();
```

Editor 控件通过使用特征服务中的可编辑图层提供强大的编辑功能。它结合 Template Picker、AttachmentEditor、AttributeInspector 和 GeometryService 来提供特征和属性编辑。对于大多数的编辑应用程序来说，应当尽量使用 Editor 控件。该控件允许执行图 5-20 所示的所有功能。

图 5-20　Editor 控件功能

在代码中使用 Editor 控件，首先需要通过使用 dojo.require 来加载该控件。创建一个新的 Editor 实例所需要的参数包括引用 Map 对象和一个几何服务。

2．TemplatePicker 控件

TemplatePicker 控件为用户显示预设值的特征集，对服务中每一个图层的特征进行符号化。编辑初始化很简单，通过选择模板中的符号然后在地图上单击来添加特征。模板中显示的符号来自已定义的编辑模板中的特征服务源地图或者应用程序中定义的符号。

TemplatePicker 控件还可以用来作为一个简单的图例。如图 5-21 所示。

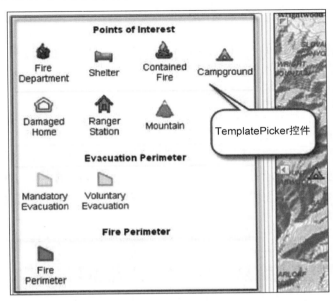

图 5-21　TemplatePicker 控件

看一看下列代码片段。

```
function initEditing(results) {
  var templateLayers = dojo.map(results,function(result){
    return result.layer;
  });
  var templatePicker = new TemplatePicker({
    featureLayers: templateLayers,
    grouping: false,
    rows: 'auto',
    columns: 3
  },'editorDiv');
  templatePicker.startup();
  var layerInfos = dojo.map(results, function(result) {
    return {'featureLayer':result.layer};
  });
  var settings = {
      map: map,
      templatePicker: templatePicker,
      layerInfos:layerInfos
    };
    var params = {settings: settings};
```

```
    var editorWidget = new Editor(params);
    editorWidget.startup();
}
```

上述示例代码中，创建了一个 `TemplatePicker` 对象，并且将其和 `Editor` 控件关联起来。

3．AttributeInspector 控件

如图 5-22 所示，`AttributeInspector` 控件可通过 Web 界面来编辑特征属性。它还可以通过匹配输入和预期的数据类型来确保输入数据的合法性，同时还支持域。比如，一个编码值域应用到一个字段时，允许的值会出现在下拉列表框中，以此来限制其他值被输入的可能性。假如一个字段需要一个日期类型的值，就会出现一个日历，帮助用户提供一个合法的日期。如图 5-22 所示。

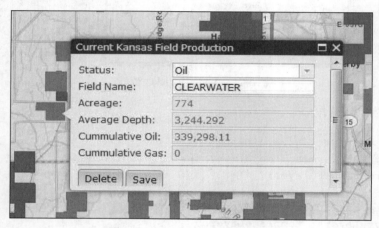

图 5-22　AttributeInspector 控件

`AttributeInspector` 控件会暴露所有可提供的属性给待编辑的图层。假如要限制可提供的属性，那么必须编写自己的输入接口和验证数值，如下列代码片段所示。

```
var layerInfos = [{
    'featureLayer': petroFieldsFL,
    'showAttachments': false,
    'isEditable': true,
    'fieldInfos': [
    {'fieldName': 'activeprod', 'isEditable':true, 'tooltip': 'CurrentStatus',
'label':'Status:'},
    {'fieldName': 'field_name', 'isEditable':true, 'tooltip': 'The name of this
oil field', 'label':'Field Name:'},
```

```
      {'fieldName': 'approxacre', 'isEditable':false,'label':'Acreage:'},
      {'fieldName': 'avgdepth', 'isEditable':false,
      'label':'Average Depth:'},
      {'fieldName': 'cumm_oil', 'isEditable':false,
      'label':'Cummulative Oil:'},
      {'fieldName': 'cumm_gas', 'isEditable':false,
      'label':'Cummulative Gas:'}
]
    }];

  var attInspector = new AttributeInspector({
    layerInfos:layerInfos
  }, domConstruct.create("div"));

  //add a save button next to the delete button
  var saveButton = new Button({ label: "Save", "class":"saveButton"});
domConstruct.place(saveButton.domNode,
  attInspector.deleteBtn.domNode, "after");

saveButton.on("click", function(){
  updateFeature.getLayer().applyEdits(null, [updateFeature], null);
});

attInspector.on("attribute-change", function(evt) {
  //store the updates to apply when the save button is clicked
  updateFeature.attributes[evt.fieldName] = evt.fieldValue;
});

attInspector.on("next", function(evt) {
  updateFeature = evt.feature;
  console.log("Next " + updateFeature.attributes.objectid);
});

attInspector.on("delete", function(evt){
              evt.feature.getLayer().applyEdits(null,null,[feature]);
  map.infoWindow.hide();
});

map.infoWindow.setContent(attInspector.domNode);
map.infoWindow.resize(350, 240);
```

上述代码示例中，创建了 AttributeInspector 控件并且将其添加到应用程序中。除此之外，多种事件处理包括属性的 change、next 和 delete 的创建，用来处理各种属性的改变。

4．AttachmentEditor 控件

某些情况下，可能想将一个特征和一个可下载的文件关联起来。比如，想要用户能够通过单击一个特征来表示一个水表，并且看见一个计量器图片的链接。在 ArcGIS Web APIs 中，这种关联的可下载的文件就是特征附件。

如图 5-23 所示，`AttachmentEditor` 控件可帮助用户上传和查看特征附件。`AttachmentEditor` 控件包括当前附件的列表（含 **Remove** 按钮），以及一个 **Browse** 按钮来上传更多的附件。该控件显示在一个信息窗口中，当然还可以被放置在页面的其他地方。

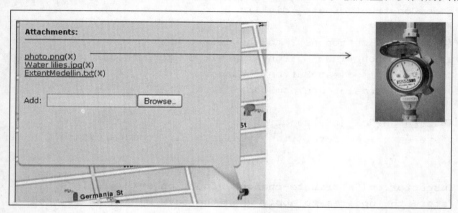

图 5-23　AttachmentEditor 控件

为了使用特征附件，附件必须启用特征类源。必须在 ArcCatalog 或者 ArcMap 的 **Catalog** 窗口中为一个特征类启用附件功能。当 `Editor` 控件发现启用了附件，它会引入 `AttachmentEditor`。如下列代码片段所示。

```
var map;

require([
  "esri/map",
  "esri/layers/FeatureLayer",
  "esri/dijit/editing/AttachmentEditor",
  "esri/config",

  "dojo/parser", "dojo/dom",

  "dijit/layout/BorderContainer", "dijit/layout/ContentPane", "dojo/domReady!"
], function(
```

```
    Map, FeatureLayer, AttachmentEditor, esriConfig,
  parser, dom
) {
  parser.parse();
  // a proxy page is required to upload attachments
  // refer to "Using the Proxy Page" for more information:
https://developers.arcgis.com/en/javascript/jshelp/ags_proxy.html
  esriConfig.defaults.io.proxyUrl = "/proxy";
  map = new Map("map", {
  basemap: "streets",
  center: [-122.427, 37.769],
  zoom: 17
  });
  map.on("load", mapLoaded);

  function mapLoaded() {
    var featureLayer = new FeatureLayer("http://sampleserver3.
  arcgisonline.com/ArcGIS/rest/services/SanFrancisco/311Incidents/FeatureS
erver/0",{
      mode: FeatureLayer.MODE_ONDEMAND
    });

  map.infoWindow.setContent("<div id='content'style='width:100%'></div>");
    map.infoWindow.resize(350,200);
  var attachmentEditor = new AttachmentEditor({}, dom.byId("content"));
    attachmentEditor.startup();

    featureLayer.on("click", function(evt) {
    var objectId = evt.graphic.attributes[featureLayer.objectIdField];
    map.infoWindow.setTitle(objectId);
    attachmentEditor.showAttachments(evt.graphic,featureLayer);
      map.infoWindow.show(evt.screenPoint, map.getInfoWindowAnchor(evt.
screenPoint));
    });
    map.addLayer(featureLayer);
    }
  });
```

上述代码显示了如何创建一个 AttachmentEditor 对象，并且将其添加到应用程序中。

5．Edit 工具栏

有时可能不想使用默认的 Editor 控件，如图 5-24 所示。

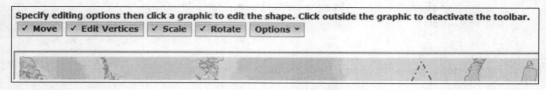

图 5-24　Editor 工具栏

　　上述情况有时会出现，若想通过自己编码来实现编辑逻辑，特别是在客户端展示特征和图形。在这些情况下，我们可以使用 **Edit** 工具栏。**Edit** 工具栏是一个简单的 JavaScript 帮助类，它是 API 的一部分。它用来帮助放置和移动顶点和图形。该工具栏和本书前面介绍的 **Navigation** 和 **Draw** 工具栏很类似。

5.4　总结

　　控件和工具栏以简单方式为应用程序提供预置功能，而不需要编写大量代码。广泛可用的控件已经增加到各个已发布的 API 中，并且在未来发布版本中预期会提供更多的控件。虽然工具栏和控件类似，它还能为应用程序提供添加导航功能、绘制功能和编辑工具，但是，定义工具栏和按钮的外观取决于开发人员。在下一章，我们将学习如何通过 Query 和 QueryTask 类来创建空间和属性查询。

第6章
空间和属性查询

利用 ArcGIS Server Query 任务，可以对地图服务中暴露的数据图层进行属性和空间查询操作，还可以组合这些查询类型来执行组合属性和空间查询。比如，需要找出所有与百年泛滥的平原相交的评估价值超过 100 000 美元的地块。这就是一个包括空间和属性的组合查询的例子。在本章中，我们将学习通过 ArcGIS API for JavaScript 中的 Query、QueryTask 和 FeatureSet 对象来执行属性和空间查询。

我们将在本章介绍如下主题。

◆ ArcGIS Server 任务。

◆ 属性和空间查询概要。

◆ Query 对象。

◆ 使用 QueryTask 执行查询。

◆ 空间查询练习。

6.1 ArcGIS Server 任务

在本书接下来的几章中，我们将讨论在 ArcGIS API for JavaScript 中执行多种类型的任务。完成这些任务，将能够获得执行空间和属性查询、基于文本搜索查找特征、地理编码地址、特征定位和执行多种几何操作包括缓冲和测距等方面的能力。所有的任务都是通过 esri/tasks 资源进行访问的。

ArcGIS API for JavaScript 中的所有任务都遵循同一模式，不论何时何地，一旦当你使用一个或多个任务，就会很容易分辨出该模式。一个输入对象用来为任务提供输入参数，根据这些输入参数，任务执行它的特定函数，然后返回一个包含任务结果的输出对象。图 6-1 所示为应用程序中每个任务如何接收一个输入参数对象，并且返回一个输出对象。

图 6-1　任务模式

6.2　属性和空间查询概要

正如看到的其他任务，查询是通过一系列对象来执行的，典型的包括任务输入、任务执行和任务返回结果集。属性或者空间查询的输入参数存储在 Query 对象中，它包括设置查询的各种参数。QueryTask 对象使用 Query 对象提供的输入执行任务操作，然后以 FeatureSet 对象形式返回一个结果集，它包含了一个之后可以绘制到地图上的 Graphic 特征数组。

Query 对象作为 QueryTask 对象的输入，包含 geometry、where 和 text 的属性定义。geometry 属性用来作为空间查询的几何输入，它将是一个点、线或者面。where 属性用来定义一个属性查询。text 属性则用来执行一个包含 like 操作符的 where 语句。Query 对象还可以包含多个可选属性，包括定义字段作为查询的返回结果、返回几何信息的输出空间参考系和满足查询条件的实际几何特征信息。

图 6-2 定义了创建属性和空间查询的对象次序。

图 6-2　查询次序

6.2.1　Query 对象

QueryTask 对象为了可以对地图服务中的图层执行查询操作，需要使用 Query 对象定义输入参数。输入参数定义查询是否是空间、属性或者两者的组合。属性查询可以通过

where 或者 text 属性定义。这些属性用来定义 SQL 属性查询。我们将在后面章节中说明 Query.where 和 Query.text 之间的区别。

空间查询需要设置 Query.geometry 属性来定义其中的输入几何形状。

Query 对象的一个新的实例可以通过使用构造函数创建，如下列代码所示。

```
var query = new Query();
```

定义查询属性

如本节前面介绍中提到的那样，我们可以对 Query 对象设置各种参数。它需要为属性查询（Query.where 或者 Query.text）定义属性或者为空间查询定义 Query.geometry 属性，还可以使用属性和空间查询属性的组合。

属性查询

Query 对象为属性查询的使用提供了两个属性：Query.where 和 Query.text。下列代码示例中，设置 Query.where 属性返回 STATE_NAME 字段等于'Texas'的记录，这仅是一个标准的 SQL 查询。注意到单词 Texas 使用单引号包裹。当对一个文本列执行属性查询时，需要将文本包裹在单引号或者双引号内。但是当对包含其他数据类型（数字或者布尔）列执行属性查询时，则不需要使用单引号或双引号。

```
query.where = "STATE_NAME = 'Texas'";
```

还可以使用 Query.text 属性来执行属性查询。这是一个使用 like 创建 where 语句的快捷方式。查询中使用的字段是地图文档中定义的图层中的显示字段。我们可以在服务目录的图层中判断显示字段。图 6-3 所示的显示字段为 ZONING_NAME。使用 Query.text 属性进行查询就是这个显示字段。

```
//Query.text uses the Display Name for the layer
query.text= stateName;
```

下列代码示例中，我们使用 query.text 来执行属性查询，并返回网页上用户在表单字段中输入的州名的所有字段。

```
query = new Query();
query.returnGeometry = false;
query.outFields = ['*'];
query.text = dom.byId("stateName").value;
queryTask.execute(query, showResults);
```

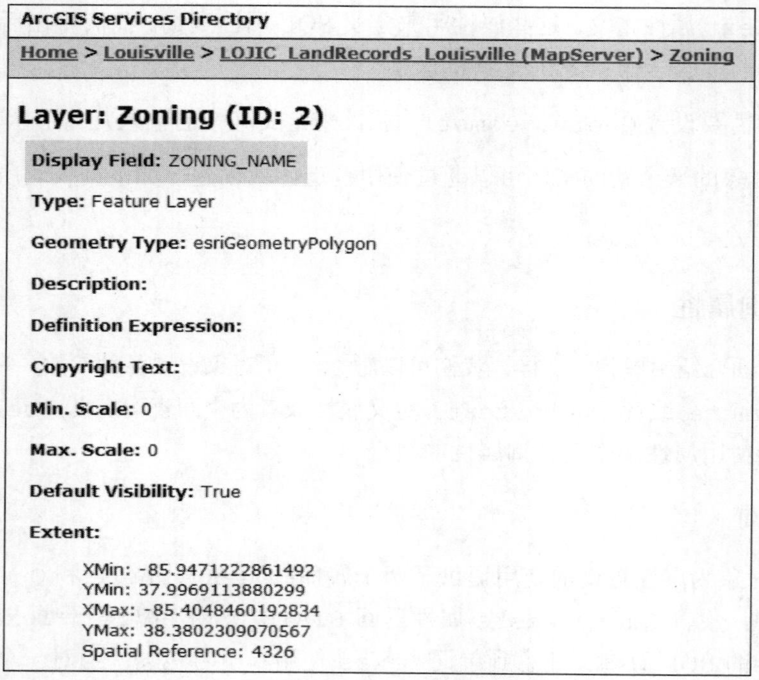

```
ArcGIS Services Directory

Home > Louisville > LOJIC_LandRecords_Louisville (MapServer) > Zoning

Layer: Zoning (ID: 2)

Display Field: ZONING_NAME

Type: Feature Layer

Geometry Type: esriGeometryPolygon

Description:

Definition Expression:

Copyright Text:

Min. Scale: 0

Max. Scale: 0

Default Visibility: True

Extent:

    XMin: -85.9471222861492
    YMin: 37.9969113880299
    XMax: -85.4048460192834
    YMax: 38.3802309070567
    Spatial Reference: 4326
```

图 6-3　显示字段

空间查询

对图层执行空间查询，需要传入一个合法的几何对象到空间过滤器和空间关系中。合法的几何元素包括 Extent、Point、Polyline 和 Polygon 实例。空间关系通过 Query.spatialRelationship 属性进行设置，并在查询时应用。空间关系通过使用下面常量中的一个进行定义。

SPATIAL_REL_INTERESECTS、SPATIAL_REL_CONTAINS、SPATIAL_REL_CROSSES、SPATIAL_REL_ENVELOPE_INTERSECTS、SPATIAL_REL_OVERLAPS、SPATIAL_REL_TOUCHES、SPATIAL_REL_WITHIN 和 SPATIAL_REL_ RELATION。

图 6-4 所示为每一个空间关系的值。

下列示例代码设置了一个 Point 对象作为几何对象传入到空间过滤器中，此外还设置了空间关系。

```
query.geometry = evt.mapPoint;
query.spatialRelationship = SPATIAL_REL_INTERSECTS;
```

图 6-4 空间关系的常量值

限制返回字段

因为性能的原因，应当限制 FeatureSet 对象返回的字段，并仅返回那些应用程序中需要的字段。和 FeatureSet 对象关联的每列信息都是额外的数据，它们都必须从服务器传输到浏览器上，这将导致应用程序执行速度慢。为了限制返回字段，需要指定一个数组来包含一个由 Query.outFields 属性返回的字段列表，如下列代码所示，当然也可以使用 outFields = ['*'] 来返回所有字段。

此外，可以通过 Query.returnGeometry 属性来控制每个特征返回的几何信息。默认返回的是一个几何对象。但是，在某些情况下，应用程序可能不需要几何对象。比如，需要用一个图层中的属性信息来填充一个表格是不需要几何信息的。这种情况下，可以设置 Query.returnGeometry = false。

```
query.outFields =
    ["NAME", "POP2000", "POP2007", "POP00_SQMI", "POP07_SQMI"];
query.returnGeometry = false;
```

6.2.2 使用 QueryTask 执行查询

一旦在 Query 对象中定义了输入属性，就可以使用 QueryTask 来执行查询操作。在查询执行之前，必须首先创建一个 QueryTask 对象实例。QueryTask 对象的创建通过向该对象的构造函数中传递一个待查询图层的 URL 实现。下列代码显示了如何创建一个 QueryTask 对象。注意到 URL 最后包含一个索引数字，它代表的是地图服务中待查询的特定图层。

```
myQueryTask = new QueryTask("http://sampleserver1.arcgisonline.com/
ArcGIS/rest/services/Demographics/ESRI_CENSUS_USA/MapServer/5");
```

创建之后，`QueryTask` 对象可以通过使用 `QueryTask.execute()` 方法对一个输入 `Query` 对象的图层进行查询操作。`QueryTask.execute()` 方法接收三个参数，包括一个输入 `Query` 对象、一个成功的回调函数和一个失败的回调函数。`QueryTask.execute()` 的语法如下列代码所示。`Query` 输入对象作为第一个传入参数。

```
QueryTask.execute(parameters,callback?,errback?)
```

假设查询执行没有任何错误，将会调用成功回调函数，并且将一个 `FeatureSet` 对象传递到该函数中。假如在执行查询过程中出现了错误，将会执行错误回调函数。成功回调函数和失败回调函数都是可选项。但是总需要定义这两个函数来处理成功和失败的情形。

这个时候，你可能对这些 `callback` 和 `errback` 函数比较困惑。ArcGIS Server 中的大多数任务返回的是一个 `dojo/Deferred` 实例。`Deferred` 对象是一个类，它在 Dojo 中作为管理异步线程的基础。ArcGIS Server 中的任务可以是同步的或者异步的。

同步和异步定义客户端（使用了任务的应用程序）如何和服务器端交互以及从任务获取结果。当一个服务设置成同步时，客户端一直处于等待状态直至任务完成。一般地，同步任务执行得快一些（几秒或者更少）。异步任务执行通常需要花费更长的时间，客户端并不需要等待任务完成。终端用户可以在任务执行时继续自由进行应用程序的其他操作。当任务在服务器上完成后，会调用回调函数并将结果传递到该函数中，然后以某种方式来使用这些结果，通常是显示在地图上。

让我们看一个更加复杂的代码示例。如下列代码所示，注意已创建一个新的变量 `myQueryTask`，它首先指向 `ESRI_CENSUS_USA` 地图服务中第 6 个图层，然后创建一个包含查询输入属性的 `Query` 对象，最后在 `QueryTask` 上使用 `execute()` 方法来执行查询操作。`execute()` 方法返回一个 `FeatureSet` 对象，包含查询的结果，并且这些特征通过在 `execute()` 方法中指定的名为 `showResults` 的回调函数进行处理。假如在任务执行中出现错误，`errorCallback()` 函数将会被调用。

```
myQueryTask = new QueryTask("http://sampleserver1.arcgisonline.com/
ArcGIS/rest/services/Demographics/ESRI_CENSUS_USA/MapServer/5");
//build query filter
myQuery = new Query();
myQuery.returnGeometry = false;
myQuery.outFields = ["STATE_NAME", "POP2007", "MALES", "FEMALES"];
myQuery.text = 'Oregon';
```

```
//execute query
myQueryTask.execute(myQuery, showResults, errorCallback);
function showResults(fs) {
  //do something with the results
  //they are returned as a featureset object
}

function errorCallback() {
  alert("An error occurred during task execution");
}
```

6.2.3　获取查询结果

前面已经介绍过，查询的结果存储在包含图形数组的 FeatureSet 对象中，如果需要也可以将它们绘制到地图上。

数组中的每一个特征（图形）包含了在第 3 章"添加图形到地图"中介绍的几何信息、属性、符号和信息模板，通常这些特征以图形方式绘制到地图上。下列示例代码显示的是当查询执行完成后执行的一个回调函数。一个 FeatureSet 对象传入到回调函数中，并且将图形绘制到地图上。

```
function addPolysToMap(featureSet) {
  var features = featureSet.features;
  var feature;
  for (i=0, il=features.length; i<il; i++) {
    feature = features[i];
    attributes = feature.attributes;
    pop = attributes.POP90_SQMI;
    map.graphics.add(features[i].setSymbol(sym));
  }
}
```

6.3　空间查询练习

本练习中，将学习如何使用 ArcGIS API for JavaScript 中的 Query、QueryTask 和 FeatureSet 对象进行空间查询。使用 City Of Portland 中的 Zoning 图层，查询包裹记录并且将结果显示在地图上。

执行以下步骤完成该练习。

1. 打开 JavaScript 沙盒地址：http://developers.arcgis.com/en/javascript/sandbox/sandbox.html。

2. 从 `<script>` 标签开始，移除下列加粗代码片段中的 JavaScript 内容。

```
<script>
dojo.require("esri.map");

function init(){
var map = new esri.Map("mapDiv", {
    center: [-56.049, 38.485],
    zoom: 3,
    basemap: "streets"
});
}
dojo.ready(init);
</script>
```

3. 创建应用程序中将要使用到的变量。

```
<script>
    var map, query, queryTask;
    var symbol, infoTemplate;
</script>
```

4. 如下列加粗代码所示添加 `require()` 函数。

```
<script>
  var map, query, queryTask;
  var symbol, infoTemplate;

  require([
      "esri/map", "esri/tasks/query", "esri/tasks/QueryTask",
        "esri/tasks/FeatureSet",
        "esri/symbols/SimpleFillSymbol",
      "esri/symbols/SimpleLineSymbol", "esri/InfoTemplate",
        "dojo/_base/Color", "dojo/on", "dojo/domReady!"
    ], function(Map, Query, QueryTask, FeatureSet,
      SimpleFillSymbol, SimpleLineSymbol, InfoTemplate, Color,
      on) {



  });

</script>
```

5. 在 `require()` 函数内部，创建应用程序中将要使用的 Map 对象。地图中心在 Louisville，KY 地区。

```
require([
    "esri/map", "esri/tasks/query", "esri/tasks/QueryTask",
      "esri/tasks/FeatureSet",
      "esri/symbols/SimpleFillSymbol",
    "esri/symbols/SimpleLineSymbol", "esri/InfoTemplate",
      "dojo/_base/Color", "dojo/on", "dojo/domReady!"
  ], function(Map, Query, QueryTask, FeatureSet,
    SimpleFillSymbol, SimpleLineSymbol, InfoTemplate,
    Color, on) {
    map = new Map("mapDiv",{
        basemap: "streets",
        center:[-85.748, 38.249], //long, lat
        zoom: 13
    });

})
```

6. 创建用于显示查询结果的符号。

```
require([
    "esri/map", "esri/tasks/query", "esri/tasks/QueryTask",
      "esri/tasks/FeatureSet",
      "esri/symbols/SimpleFillSymbol",
    "esri/symbols/SimpleLineSymbol", "esri/InfoTemplate",
      "dojo/_base/Color", "dojo/on", "dojo/domReady!"
  ], function(Map, Query, QueryTask, FeatureSet,
    SimpleFillSymbol, SimpleLineSymbol, InfoTemplate,
    Color, on) {
    map = new Map("map",{
      basemap: "streets",
      center:[-85.748, 38.249], //long, lat
      zoom: 13
    });

symbol = new SimpleFillSymbol(SimpleFillSymbol.STYLE_SOLID,
new SimpleLineSymbol(SimpleLineSymbol.STYLE_SOLID, new
  Color([111, 0, 255]), 2), new Color([255,255,0,0.25]));
infoTemplate = new InfoTemplate("${OBJECTID}", "${*}");

});
```

7. 在 `require()` 函数内部，初始化 `queryTask` 变量，并注册 `QueryTask.complete` 事件，添加下列加粗行代码。

```
require([
    "esri/map", "esri/tasks/query", "esri/tasks/QueryTask",
        "esri/tasks/FeatureSet",
        "esri/symbols/SimpleFillSymbol",
    "esri/symbols/SimpleLineSymbol", "esri/InfoTemplate",
        "dojo/_base/Color", "dojo/on", "dojo/domReady!"
], function(Map, Query, QueryTask, FeatureSet,
    SimpleFillSymbol, SimpleLineSymbol, InfoTemplate,
    Color, on) {
    map = new Map("mapDiv",{
        basemap: "streets",
        center:[-85.748, 38.249], //long, lat
        zoom: 13
    });

    symbol = new SimpleFillSymbol(SimpleFillSymbol.STYLE_SOLID,
    new SimpleLineSymbol(SimpleLineSymbol.STYLE_SOLID, new
      Color([111, 0, 255]), 2), new
      Color([255,255,0,0.25]));
    infoTemplate = new InfoTemplate("${OBJECTID}", "${*}");

    queryTask = new QueryTask("http://sampleserver1.arcgisonline.com/ArcGIS/
rest/services/Louisville/LOJIC_LandRecords_Louisville/MapServer/2");
    queryTask.on("complete", addToMap);

});
```

`QueryTask` 构造函数必须是一个合法的指向地图服务中暴露的数据图层的 URL。这种情况下，我们创建一个引用 LOJIC_LandRecords_Louisville 地图服务中的 Zoning 图层，也就意味着将对该图层执行查询操作。假如你还记得前面章节中所提到的，`dojo.on()` 用来注册事件。现在我们就为 `QueryTask` 对象注册 `complete` 事件，该事件当查询完成后触发，并将会调用指定的 `addToMap()` 函数来作为参数传递到 `on()` 函数中。

8. 接下来我们将创建一个 `Query` 对象来为任务定义一个输入参数。在第一行中，创建了一个新的 `Query` 实例，然后设置 `Query.returnGeometry` 和 `Query.outFields` 属性。设置 `Query.returnGeometry` 等于 `true` 意味着 ArcGIS Server 将返回满足查询的特征几何定义。而在 `Query.outFields` 中我们指定了一个通配符，这意味着和 Zoning 图层相关的所有字段都会作为特征信息返回到查询结果中。添加下列加粗行代码到上一步骤中输入的代码之后。

```
require([
"esri/map", "esri/tasks/query", "esri/tasks/QueryTask",
  "esri/tasks/FeatureSet", "esri/symbols/SimpleFillSymbol",
"esri/symbols/SimpleLineSymbol", "esri/InfoTemplate",
  "dojo/_base/Color", "dojo/on", "dojo/domReady!"
], function(Map, Query, QueryTask, FeatureSet,
  SimpleFillSymbol, SimpleLineSymbol, InfoTemplate, Color,
  on) {
map = new Map("mapDiv",{
    basemap: "streets",
    center:[-85.748, 38.249], //long, lat
    zoom: 13
});

symbol = new
  SimpleFillSymbol(SimpleFillSymbol.STYLE_SOLID,
new SimpleLineSymbol(SimpleLineSymbol.STYLE_SOLID, new
  Color([111, 0, 255]), 2), new Color([255,255,0,0.25]));
infoTemplate = new InfoTemplate("${OBJECTID}", "${*}");


    queryTask = new QueryTask("http://sampleserver1.arcgisonline.com/ArcGIS/
rest/services/Louisville/LOJIC_LandRecords_Louisville/MapServer/2");
    queryTask.on("complete", addToMap);

    query = new Query();
    query.returnGeometry = true;
    query.outFields = ["*"];

});
```

9. 添加一行代码来为 doQuery 函数注册 Map.click 事件，用户单击地图将会传递到 doQuery 函数中。该地图点将会作为空间查询的几何信息。在下一步骤中，我们将创建 doQuery 函数来接收地图上被单击的点。

```
require([
        "esri/map", "esri/tasks/query", "esri/tasks/QueryTask",
"esri/tasks/FeatureSet", "esri/symbols/SimpleFillSymbol",
        "esri/symbols/SimpleLineSymbol", "esri/InfoTemplate",
"dojo/_base/Color", "dojo/on", "dojo/domReady!"
        ], function(Map, Query, QueryTask, FeatureSet,
```

```
SimpleFillSymbol, SimpleLineSymbol, InfoTemplate, Color, on) {

map = new Map("mapDiv",{
  basemap: "streets",
  center:[-85.748, 38.249], //long, lat
  zoom: 13
});
symbol = new SimpleFillSymbol(SimpleFillSymbol.STYLE_SOLID,
    new SimpleLineSymbol(SimpleLineSymbol.STYLE_SOLID, new
    Color([111, 0, 255]), 2), new Color([255,255,0,0.25]));
infoTemplate = new InfoTemplate("${OBJECTID}", "${*}");


map.on("click", doQuery);

queryTask = new QueryTask("http://sampleserver1.arcgisonline.com/ArcGIS/
rest/services/Louisville/LOJIC_LandRecords_Louisville/MapServer/2");
queryTask.on("complete", addToMap);

query = new Query();
query.returnGeometry = true;
query.outFields = ["*"];

});
```

10. 现在我们将创建 doQuery 函数，通过使用 require() 函数及用户单击地图点的 Query 属性来执行 QueryTask，它被用在 Query.geometry 函数中。doQuery 函数接收地图上单击的一个点，它可以通过 mapPoint 属性检索到。mapPoint 属性返回一个 Point 对象，然后用它来为用户单击地图查找地区包裹设置 Query.geometry 属性。最后，执行 QueryTask.execute() 方法。当任务执行后，将返回一个包含满足查询操作的 FeatureSet 对象。现在的问题是返回的结果在哪里？在 require() 函数的结束花括号后面添加下列代码块。

```
function doQuery(evt) {
    //clear currently displayed results
    map.graphics.clear();

    query.geometry = evt.mapPoint;
    query.outSpatialReference = map.spatialReference;
    queryTask.execute(query);
}
```

11. 我们已经注册了 `QueryTask.complete` 事件来运行 `addToMap()` 函数。但是我们还没有创建该函数。添加下列代码来创建 `addToMap()` 函数，该函数将接收一个作为查询结果返回的 `FeatureSet` 对象，并将这些特征绘制到地图上。注意为特征定义了信息模板，它将创建一个 `InfoWindow` 对象来显示返回特征的属性信息。

```
function addToMap(results) {
  var featureArray = results.featureSet.features;
  var feature = featureArray[0];
  map.graphics.add(feature.setSymbol(symbol).
  setInfoTemplate(infoTemplate));
}
```

我们可以在 spatialquery.html 文件中查询该练习的解决方案代码。

12. 单击 **Run** 按钮执行代码，可以看到图 6-5 所示的结果。如果没有，可能需要检查代码的准确性。

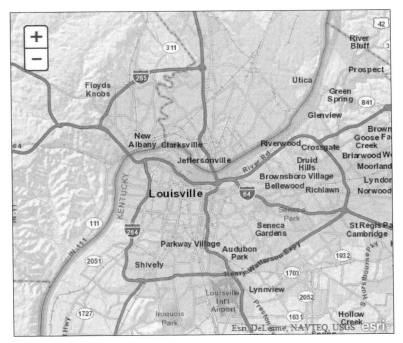

图 6-5　空间查询练习结果

单击地图任意位置来执行查询，将看到图 6-6 所示高亮的多边形地区。

单击高亮的多边形地区会显示一个描述跟该多边形相关属性的信息窗口，如图 6-7 所示。

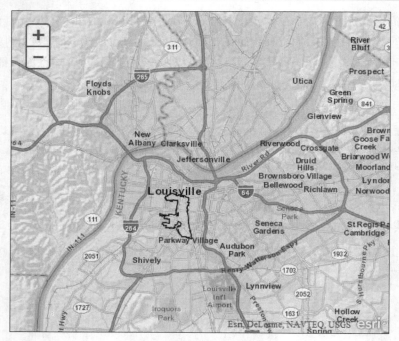

图 6-6　地图单击查询结果

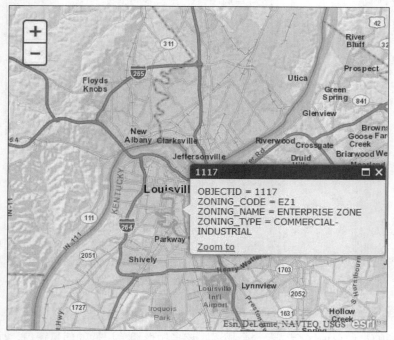

图 6-7　查询结果信息窗口

在刚完成的练习里，我们已经学会了如何使用 Query 和 QueryTask 对象来创建定位到与用户在地图上单击的多边形地区相交的空间查询。

6.4 总结

在本章中，我们介绍了 ArcGIS Server 中的任务概念。ArcGIS Server 为 Web 地图应用程序提供了多种常用的任务操作。属性和空间查询都是 Web 地图应用程序中常见的操作。为了支持这些查询，ArcGIS API for JavaScript 提供了 QueryTask 这个用来在服务器上执行查询操作的对象。QueryTask 对象创建之后，会接收一个用于在地图服务上指向某个图层的 URL。QueryTask 的各种输入参数通过 Query 对象提供，输入参数包括：where 属性执行属性查询，geometry 属性执行空间查询，outFields 属性定义返回的字段集，以及其他支持的属性。当查询在服务器上完成后，会返回一个 FeatureSet 对象给应用程序中定义的回调函数。之后回调函数在地图上显示这个 FeatureSet（它就是一个 Graphics 对象的数组）。在下一章中，我们将学习如何使用另外两种任务：IdentifyTask 和 FindTask。它们两个都能用来返回特征的属性信息。

第 7 章
定位和查找特征

在本章中，我们将介绍两个与 ArcGIS Server 任务相关的可返回特征属性的任务：IdentifyTask 和 FindTask。特征定位是另一个在 GIS 应用程序中常见的操作。这个任务返回单击地图后的特征属性，属性信息通常以弹出窗口方式呈现。该功能通过 ArcGIS API for JavaScript 中的 IdentifyTask 类完成。和我们已经见过的其他任务处理一样，IdentifyTask 对象使用一个名为 IdentifyParameters 的输入参数对象。IdentifyParameters 对象包括多种用于控制定位操作结果的参数。这些参数可以让我们拥有对某个图层（服务中的最上层的图层、服务中所有可见图层或者带有搜索限度的服务中的所有图层）执行定位操作的能力。IdentifyResult 的实例用来存储任务的结果信息。

ArcGIS API for JavaScript 执行的这些任务复制了 ArcGIS Desktop 中一些最常用的功能，FindTask 就是这样的一个工具。正如 ArcGIS 桌面版本一样，该任务用来查找图层中与字符串值匹配的特征。在使用 FindTask 对象执行查找操作之前，需要为 FindParameters 实例设置操作的各种参数。FindParameters 拥有设置多种选项的能力，包括查找文本、查找字段和其他。使用 FindParameters 对象后，FindTask 对一个或多个图层执行查找任务，并返回 FindResult 对象，包括 layerID、layerName 和满足查找字符串的特征字段。

在本章节中，我们将介绍如下主题。

◆ 使用 IdentifyTask 获取特征属性。

◆ 使用 FindTask 获取特征属性。

7.1 使用 IdentifyTask 获取特征属性

应用程序中使用 IdentifyTask 可以返回图层中的字段属性。在本节中，将学习如何使用多种与 IdentifyTask 相关的对象来返回特征属性信息。

7.1.1　IdentifyTask 介绍

和 ArcGIS Server 中其他任务类似，IdentifyTask 功能在 API 中被划分成三个不同的类，包括 IdentifyParameters、IdentifyTask 和 IdentifyResult，这三个类如图 7-1 所示。

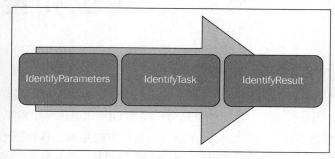

图 7-1　IdentifyTask 的三个类

7.1.2　IdentifyParameters 对象

IdentifyTask 的输入参数对象是 IdentifyParameters。使用 IdentifyParameters 类可以为定位操作设置多个属性。参数包括用来选择特征（IdentifyParameters. geometry）的几何信息、执行定位（IdentifyParameters.layerIds）的图层 IDs 和定位执行的指定几何信息的公差（IdentifyParameters.tolerance）。

在使用由 ArcGIS Server 提供的定位功能之前，需要添加下列代码引入定位资源。

```
require(["esri/tasks/IdentifyTask", ... ], function(IdentifyTask,
 ... ){ ... });
```

在对 IdentifyParameters 对象设置多种参数之前，首先需要创建该对象的一个实例。可以通过下列代码完成，该构造函数代码中不需要接收任何参数。

```
var identifyParams = new IdentifyParameters();
```

既然已经创建了一个 IdentifyParameters 的新实例，就可以设置多个属性，如下列代码所示。

```
identifyParams.geometry = evt.MapPoint;
identifyParams.layerIds[0,1,2];
```

```
identifyParams.returnGeometry = true;
identifyParams.tolerance = 3;
```

大多数情况下，通过用户在地图上单击一个点来执行定位操作。可以通过前面代码示例中由地图单击事件返回的点来获取该信息。对所查找图层进行定位要通过图层 IDs 数组来定义，并传递到 IdentifyParameters.layerIds 属性中。该数组应当包括所查找图层的数值引用。我们可以参考服务目录来获取图层的索引数值。tolerance 属性尤其重要，它用来设置几何信息附近的距离像素。记住大多数时候该几何信息就是一个点，因此可以认为它是一个放置在设定 tolerance 为任意值的点附近的圆形。该值将是一个屏幕像素。当执行 IdentifyTask 属性时，将返回图层定位（和圆形相交或者内部）的任何特征信息。

可能需要不断地去尝试设置 tolerance 值来获取应用程序的最佳值。假如该值设置太低，可能会有定位操作定位不到任何特征的风险。相反地，如果该值设置太高的话，可能返回过多的特征信息。找到一个正确的平衡点是困难的，并且一个应用程序中的 tolerance 值对另一个应用程序值并不起作用。

7.1.3 IdentifyTask 属性

IdentifyTask 通过 IdentifyParameters 指定的参数来对一个或多个图层执行定位操作。和前面已经学习过的其他任务一样，IdentifyTask 同样需要一个在地图服务中定义的用来进行定位操作的 URL。

IdentifyTask 的新实例可以通过下列代码进行创建。该任务的构造函数简单地接收一个指向地图服务的 URL，它包括定位操作将被执行的图层。

```
var identify =
  new IdentifyTask
  ("http://sampleserver1.arcgisonline.com
  /ArcGIS/rest/services/Specialty/ESRI_StatesCitiesRivers_USA/
  MapServer");
```

一旦创建了一个新的 IdentifyTask 对象实例，就可以通过 IdentifyTask.execute() 方法来初始化该任务的执行，它接收一个 IdentifyParameters 对象及可选的 success 回调函数和 error 回调函数。如下列代码所示，此处调用了 IdentifyTask.execute() 方法，IdentifyParameters 的实例作为一个参数传递到该函数中，以及一个 addToMap() 函数的引用，用来处理方法返回的结果。

```
identifyParams = new IdentifyParameters();
identifyParams.tolerance = 3;
identifyParams.returnGeometry = true;
identifyParams.layerIds = [0,2];
identifyParams.geometry = evt.mapPoint;

identifyTask.execute(identifyParams, function(idResults) {
addToMap(idResults, evt); });

function addToMap(idResults, evt) {
    //add the results to the map
}
```

IdentifyTask 执行定位操作的结果存储在 IdentifyResult 实例中。我们将在下一节中介绍这个结果对象。

IdentifyResult

IdentifyTask 操作返回的结果是一个 IdentifyResult 数组对象。每一个 IdentifyResult 对象包含定位操作中返回的已找到的特征，以及图层 ID 和图层名称。下列代码说明了 IdentifyResult 数组对象是如何通过回调函数进行处理的。

```
function addToMap(idResults, evt) {
  bldgResults = {displayFieldName:null,features:[]};
  parcelResults = {displayFieldName:null,features:[]};
  for (vari=0, i<idResults.length; i++) {
    var idResult = idResults[i];
    if (idResult.layerId === 0) {
      if (!bldgResults.displayFieldName)
        {bldgResults.displayFieldName = idResult.displayFieldName};
        bldgResults.features.push(idResult.feature);
      }
    else if (idResult.layerId === 2) {
      if (!parcelResults.displayFieldName)
        {parcelResults.displayFieldName = idResult.displayFieldName};
        parcelResults.features.push(idResult.feature);
      }
    }
  dijit.byId("bldgTab").setContent(layerTabContent(bldgResults,"bldgResult
s"));
  dijit.byId("parcelTab").setContent(layerTabContent(parcelResults,"parcel
```

```
Results"));
    map.infoWindow.show(evt.screenPoint,
    map.getInfoWindowAnchor(evt.screenPoint));
    }
```

7.1.4　定位功能练习

在本练习中，将学习在应用程序中如何执行定位功能。我们将创建一个简单的应用程序来处理当用户单击地图时在信息窗口中显示建筑物和地块的属性信息。我们已经预先为你编写好了一些代码，因此你可以关注跟定位特征直接相关的功能。在我们开始之前，首先复制和粘贴预先编写的代码到沙盒中。

执行下述步骤来完成该练习。

1. 打开 JavaScript 沙盒：http://developers.arcgis.com/en/javascript/sandbox/sandbox.html。

2. 移除下述加粗代码片段中<script>标签中的 JavaScript 内容。

```
<script>
dojo.require("esri.map");

function init(){
var map = new esri.Map("mapDiv", {
    center: [-56.049, 38.485],
    zoom: 3,
    basemap: "streets"
    });
}
dojo.ready(init);
</script>
```

3. 创建应用程序中使用到的变量。

```
<script>
    var map;
    var identifyTask, identifyParams;
</script>
```

4. 创建 require() 函数来定义应用程序中将使用到的资源。

```
<script>
  var map;
```

```
    var identifyTask, identifyParams;
    require([
            "esri/map", "esri/dijit/Popup",
        "esri/layers/ArcGISDynamicMapServiceLayer",
        "esri/tasks/IdentifyTask",
          "esri/tasks/IdentifyResult",
            "esri/tasks/IdentifyParameters",
            "esri/dijit/InfoWindow",
            "esri/symbols/SimpleFillSymbol",
          "esri/symbols/SimpleLineSymbol",
            "esri/InfoTemplate", "dojo/_base/Color" ,
      "dojo/on",
            "dojo/domReady!"
            ], function(Map, Popup, ArcGISDynamicMapServiceLayer,
    IdentifyTask, IdentifyResult, IdentifyParameters,
    InfoWindow,
    SimpleFillSymbol, SimpleLineSymbol, InfoTemplate,
    Color, on) {

        });
</script>
```

5. 创建一个新的 Map 对象实例。

```
<script>
    var map;
    var identifyTask, identifyParams;
    require([
        "esri/map", "esri/dijit/Popup",
        "esri/layers/ArcGISDynamicMapServiceLayer",
        "esri/tasks/IdentifyTask",
        "esri/tasks/IdentifyResult",
        "esri/tasks/IdentifyParameters",
        "esri/dijit/InfoWindow",
        "esri/symbols/SimpleFillSymbol",
        "esri/symbols/SimpleLineSymbol", "esri/InfoTemplate"
        , "dojo/_base/Color" ,"dojo/on",
        "dojo/domReady!"
        ], function(Map, Popup, ArcGISDynamicMapServiceLayer,
          IdentifyTask, IdentifyResult, IdentifyParameters,
          InfoWindow,
SimpleFillSymbol, SimpleLineSymbol, InfoTemplate, Color,
```

```
      on) {
      //setup the popup window
var popup = new Popup({
fillSymbol: newSimpleFillSymbol(SimpleFillSymbol.STYLE_SOLID,
      new SimpleLineSymbol(SimpleLineSymbol.STYLE_SOLID,
      new Color([255,0,0]), 2), new Color([255,255,0,0.25]))
      }, dojo.create("div"));

map = new Map("map", {
  basemap: "streets",
  center: [-83.275, 42.573],
  zoom: 18,
  infoWindow: popup
});

});
</script>
```

6. 创建一个新的动态地图服务图层，并且将其添加到地图上。

```
map = new Map("map", {
  basemap: "streets",
  center: [-83.275, 42.573],
  zoom: 18,
  infoWindow: popup
});

var landBaseLayer = new ArcGISDynamicMapServiceLayer
  ("http://sampleserver3.arcgisonline.com/
  ArcGIS/rest/services/BloomfieldHillsMichigan/
  Parcels/MapServer",{opacity:.55});
map.addLayer(landBaseLayer);
```

7. 添加 `Map.click` 事件来触发函数，并响应地图单击事件。

```
map = new Map("map", {
  basemap: "streets",
  center: [-83.275, 42.573],
  zoom: 18,
  infoWindow: popup
});
```

```
varlandBaseLayer = new ArcGISDynamicMapServiceLayer
   ("http://sampleserver3.arcgisonline.com/ArcGIS/
   rest/services/BloomfieldHillsMichigan/Parcels/
   MapServer",{opacity:.55});
map.addLayer(landBaseLayer);

map.on("click", executeIdentifyTask);
```

8. 创建一个 `IdentifyTask` 对象。

```
identifyTask = new
   IdentifyTask("http://sampleserver3.arcgisonline.com/
   ArcGIS/rest/services/BloomfieldHillsMichigan/
   Parcels/MapServer");
```

9. 创建一个 `IdentifyParameters` 对象，并设置多个属性。

```
identifyTask = new
   IdentifyTask("http://sampleserver3.arcgisonline.com/
   ArcGIS/rest/services/BloomfieldHillsMichigan/Parcels/
   MapServer");

identifyParams = new IdentifyParameters();
identifyParams.tolerance = 3;
identifyParams.returnGeometry = true;
identifyParams.layerIds = [0,2];
identifyParams.layerOption = IdentifyParameters.LAYER_OPTION_ALL;
identifyParams.width = map.width;
identifyParams.height = map.height;
```

10. 创建 `executeIdentifyTask()` 函数，它是用来响应 `Map.click` 事件的函数。在上一步中，已经为 `Map.click` 事件创建了事件处理程序。`executeIdentifyTask()` 函数是指定的 JavaScript 函数，它用来处理地图单击事件。在该步骤中，将通过下列代码创建该函数。`ExecuteIdentifyTask()` 函数接收一个参数，即 Event 对象的实例。每一个事件产生一个 Event 对象，并有多个属性。在 `Map.click` 事件这个例子中，该 Event 对象有一个属性，它包含该单击的点，可以通过 `Event.mapPoint` 属性获取到，并在设置 `IdentifyParameters.geometry` 属性时使用。`IdentifyTask.execute()` 方法还返回一个 Deferred 对象。然后为该 Deferred 对象添加一个回调函数，用来解析结果。添加下列代码来创建该 `executeIdentifyTask()` 函数。这个函数应当创建在 `require()` 函数外部。

```
function executeIdentifyTask(evt) {
        identifyParams.geometry = evt.mapPoint;
        identifyParams.mapExtent = map.extent;

        var deferred = identifyTask.execute(identifyParams);

        deferred.addCallback(function(response) {
          // response is an array of identify result objects
          // Let's return an array of features.
          return dojo.map(response, function(result) {
            var feature = result.feature;
            feature.attributes.layerName = result.layerName;
            if(result.layerName === 'Tax Parcels'){
              console.log(feature.attributes.PARCELID);
              var template = new esri.InfoTemplate("", "${PostalAddress}
<br/> Owner of record: ${First OwnerName}");
              feature.setInfoTemplate(template);
            }
            else if (result.layerName === 'Building Footprints'){
              var template = new esri.InfoTemplate("", "Parcel ID:
${PARCELID}");
              feature.setInfoTemplate(template);
            }
            return feature;
          });
        });

    // InfoWindow expects an array of features from each deferred
    // object that you pass. If the response from the task execution
    // above is not an array of features, then you need to add acallback
    // like the one above to post-process the response and return an
        // array of features.
        map.infoWindow.setFeatures([ deferred ]);
        map.infoWindow.show(evt.mapPoint);
    }
```

11. 在 ArcGISJavaScriptAPI 文件夹中检查解决方案文件（identify.html）来验证代码是否已经正确拼写。

12. 通过单击 **Run** 按钮中来执行代码，假如代码拼写正确的话，应该看到图 7-2 所示的结果。

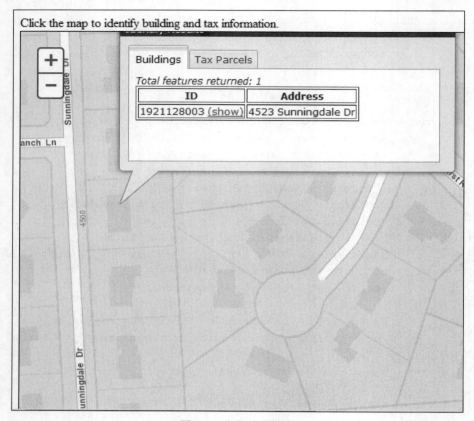

图 7-2 定位结果输出

7.2 使用 FindTask 获取特征属性

可以使用 FindTask 来查找由 ArcGIS Server REST API 中暴露的地图服务，它是一个字符串值。查找可以针对单个图层中的单个字段、单个图层中的多个字段或者多个图层中的多个字段。和前面介绍的其他任务一样，查找操作由三个互补的对象构成，包括 FindParameters、FindTask 和 FindResult。FindParameters 对象作为输入参数对象，被 FindTask 用来完成查找操作，FindResult 包括任务的返回结果，如图 7-3 所示。

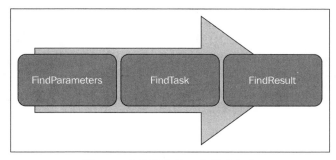

图 7-3 查找操作的三个组成部分

7.2.1 FindParameters

FindParameters 对象为查找操作使用指定的搜索条件，它包括查找文本的 searchText 属性及指定查询的字段和图层的字段。此外，设置 returnGeometry 属性为 true 意味着返回满足查找操作的几何特征信息，并且被用来高亮显示结果。

下列代码显示了如何创建一个 FindParameters 新实例，并为其分配各种属性。在使用任何和查找操作相关的对象前，需要引入 esri/tasks/find resource。searchText 属性定义了用在跨域搜索中使用到的字符串值，通过 searchFields 属性定义。查找图层通过分配给 layerIds 属性的数字索引数组进行定义。索引数值对应地图服务中的对应图层。geometry 属性定义了特征的几何定义是否随结果返回。有时不需要特征几何信息，比如简单地将属性填充到表内。在这种情况下，才需要将 geometry 属性设置为 false。

```
var findParams = new FindParameters();
findParams.searchText = dom.byId("ownerName").value;
findParams.searchFields = ["LEGALDESC","ADDRESS"]; //
  fields to search
findParams.returnGeometry = true;
findParams.layerIds = [0]; //layers to use in the find
findParams.outSpatialReference = map.spatialReference;
```

还可以使用 contains 属性来决定是否进行精确匹配搜索文本条件的查找。假如该属性设置为 true，将会搜索包含 searchText 属性的值，这是一个不区分大小写的查找。假如设置成 false，它会查找精确匹配 searchText 字符串的内容，精确匹配是区分大小写的。

7.2.2 FindTask

如图 7-3 所示，FindTask 对在 FindParameters 中指定的图层和字段执行查找操作，并返回一个 FindResult 对象，它包括已经找到的记录。如下列代码片段所示。

```
findTask = new FindTask("http://sampleserver1.arcgisonline.com/ArcGIS/
rest/services/TaxParcel/TaxParcelQuery/MapServer/");
findTask.execute(findParams,showResults);

function showResults(results) {
    //This function processes the results
}
```

和 QueryTask 一样，必须为查找操作中用到的地图服务指定一个 URL，但是不需要包括使用指定精确数据图层的整数值。不需要这样做是因为查找操作中使用的图层和字段定义在 FindParameters 对象中。一旦创建，便可以调用 FindTask.execute() 方法来初始化查找操作。FindParameters 对象作为第一个参数传递到该方法中，还可以定义可选的 success 和 error 回调函数，正如前面的代码所示。success 回调函数传递一个 FindResult 实例，它包含了查找操作的结果信息。

7.2.3 FindResult

FindResult 包含 FindTask 操作的结果，还包含特征找到位置处的代表图形、图层 IDs 和名称的特征信息，以及搜索字符串的字段名称。如下列代码片段所示。

```
function showResults(results) {
//This function works with an array of FindResult that the taskreturns
  map.graphics.clear();
  var symbol = new SimpleFillSymbol(SimpleFillSymbol.STYLE_SOLID,
  new SimpleLineSymbol(SimpleLineSymbol.STYLE_SOLID,
  new Color([98,194,204]), 2), new Color([98,194,204,0.5]));
  //create array of attributes
  var items = array.map(results,function(result){
    var graphic = result.feature;
    graphic.setSymbol(symbol);
    map.graphics.add(graphic);
    return result.feature.attributes;
  });
  //Create data object to be used in store
  var data = {
    identifier: "PARCELID", //This field needs to have unique values
    label: "PARCELID", //Name field for display. Not pertinent to
      agrid but may be used elsewhere.
    items: items
```

```
    };
    //Create data store and bind to grid.
    store = new ItemFileReadStore({ data:data });
    var grid = dijit.byId('grid');
    grid.setStore(store);
    //Zoom back to the initial map extent
    map.centerAndZoom(center, zoom);
}
```

7.3 总结

返回与特征相关的属性是 GIS 中最常用的一种操作。ArcGIS Server 有两种任务可以返回属性：IdentifyTask 和 FindTask。IdentifyTask 属性用来返回单击地图后的特征属性；FindTask 也能返回特征属性，但是它是通过一个简单的属性查询来返回属性信息。在本章中，我们已经学会了在 ArcGIS API for JavaScript 中如何使用这两种任务。在下一章中，我们将学习如何通过 Locator 任务来执行地理编码和逆地理编码操作。

第 8 章
地址转换点和点转换地址

在地图上绘制地址或者兴趣点是 Web 地图应用程序中最常用的功能之一。在地图上将一个地址绘制成一个坐标点，首先需要获取经度和纬度坐标。地理编码是将物理地址转换成几何坐标的过程，为了将地址添加到地图上，必须通过地理编码过程来为地址分配坐标。在 ArcGIS Server 中地理编码的完成需要使用 Locator 服务，并利用 ArcGIS Server JavaScript API 中的 Locator 类来实现，Locator 类通过访问这些服务来提供地址匹配及逆地理编码功能。和 ArcGIS Server 提供的其他任务类似，地理编码需要各种输入参数，包括一个匹配地址的 Address 对象或者逆地理编码情形下的 Point 对象。之后这些信息被提交给地理编码服务，并返回一个包含匹配到地址的 AddressCandidate 对象，最后绘制在地图上。

在本章中，我们将介绍如下主题。

◆ 地理编码简介。

◆ ArcGIS API for JavaScript 中使用 Locator 服务进行地理编码。

◆ 地理编码处理。

◆ 逆地理编码处理。

◆ 使用 Locator 服务练习。

8.1 地理编码简介

首先我们来看一个地理编码的例子，目的是让你对该过程有更好的理解。假如有一个地址位于 150 Main St，在将它绘制到地图前必须先对该地址进行地理编码。如果 150 Main St

坐落在地址范围在 100~200 Main St 之间的街道路段上，地理编码处理将 150 Main St 位置正好解析在该街道路段的一半位置上。然后地理编码软件分配 150 Main St 到 100 Main St 和 200 Main St 中间的点，将其作为该地理图形位置。既然现在已经有该地址的坐标，就可以将它绘制到地图上。这个过程如图 8-1 所示。

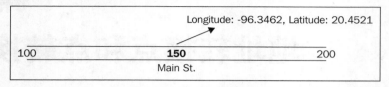

图 8-1　地理编码结果

　　最常用的地理编码层次是街道路段编码，它为已知的地理编码包含街区或者街道地址相交的地址分配经度/纬度坐标。这种方式的地理编码使用前面已经介绍过的插值方法，这种方法在使用定期间隔地址的城市地区是最准确的。然而，对不规则间隔地址和位于死胡同的地址进行精确地理编码，这种方法仍存在问题。农村地区的坐标也非常不完整，这会导致这些地区地理编码率较低。

8.2　使用 Locator 服务进行地理编码

　　ArcGIS Server Locator 服务可以执行地理编码和逆地理编码。使用 ArcGIS API for JavaScript，可以提交一个地址到 Locator 服务中，并获取该地址的几何图形坐标，然后可将其绘制到地图上，图 8-2 表明了该过程。地址在 JavaScript 中被定义成一个 JSON 对象，其作为 Locator 对象的输入，用来对地址进行地理编码，并以 AddressCandidate 对象返回结果，然后在地图上以一个点显示出来。这种方式和我们在前面章节中看见的其他任务一样，输入对象（Address 对象）为任务（Locator）提供输入参数，它将该任务提交到 ArcGIS Server 中。之后结果对象（AddressCandidate）返回到用于处理返回数据的回调函数中。

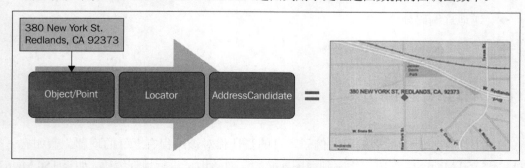

图 8-2　Locator 处理过程

8.2.1　输入参数对象

Locator 任务可接受的输入参数对象是 JSON 对象的地理编码的地址形式，或者是 Point 对象的逆地理编码地址形式。从编程角度来看，这些对象的创建各自不同。我们将在下一节中讨论这两个对象。

1．输入 JSON 地址对象

Locator 服务可接收 Point（逆地理编码）或者 JSON 对象来表示一个地址。JSON 对象以格式化对象形式来定义一个地址，如下列代码所示。地址定义在 JavaScript 代码中，它通过花括号内的一系列键/值对的方式来表示的。单个键/值对表示街道、城市、州和邮政编码，但是键/值对会根据你在定位器中定义的地理编码服务类型而不同。

```
var address = {
    street: "380 New York",
    city: "Redlands",
    state: "CA",
    zip: "92373"
}
```

2．输入 Point 对象

对于逆地理编码，Locator 服务的输入接收通过用户单击地图或者可能通过应用程序逻辑中定义的 esri/geometry/Point 对象来实现。通过 Map.click 事件返回的 Point 对象，可以作为 Locator 服务的输入对象。

8.2.2　Locator 对象

Locator 类包括使用输入 Point 或者 Address 对象来执行地理编码或者逆地理编码操作的方法和事件。Locator 需要一个 URL 指针指向在 ArcGIS Server 中定义的地理编码服务。下列代码表明如何创建一个新的 Locator 对象实例。

```
var locator = new Locator
  ("http://sampleserver1.arcgisonline.com/ArcGIS/rest/
  services/Locators/ESRI_Geocode_USA/GeocodeServer")
```

一旦创建了一个新的 Locator 类实例，就可以通过调用 addressToLocations() 方法对一个地址进行地理编码或者调用 locationToAddress() 方法来执行逆地理编码操作。这些方法在操作完成后会触发事件，在对地址进行地理编码时，触发 `address-to-locations-complete()`事件；在逆地理编码操作完成时触发 `on-location-to-address-complete()`事件，无论是哪种情形，事件都会返回一个 `AddressCandidate`对象。

AddressCandidate 对象

`AddressCandidate` 对象是 `Locator` 操作的返回结果。该对象拥有多个属性，包括地址、属性、位置和分数。属性包含字段名称和值的键/值对。位置，顾名思义是 X 坐标和 Y 坐标的候选地址。分数属性是一个在 0 和 100 之间的数值，返回一个分数越高的地址，就代表这是一个更好的匹配。该对象可以使用候选数组来存储多个地址。

现在，我们来深入探究一下用于提交地址和点的定位方法。`Locator.address ToLocation()`方法发送一个请求来地理编码一个单独的地址。创建一个输入地址对象，并作为 `Locator` 对象的 `addressToLocation()`方法的一个参数。地理编码操作的结果返回一个 `AddressCandidate` 对象，之后该地址会作为一个图形绘制到地图上。

逆地理编码通过 `Locator` 对象的 `locationToAddress()`方法来执行。一个 `Point`对象，通过终端用户单击地图或者通过应用程序逻辑来创建，并作为参数传递到 `locationToAddress()`方法中。传递到该方法的第二个参数是与找到的地址匹配的点的距离。和 `addressToLocation()`方法一样，假如找到了匹配的信息，`Locator` 将返回一个 `AddressCandidate` 对象，该对象包含了一个地址。

8.2.3　地理编码处理

我们来对使用 ArcGIS API for JavaScript 进行地理编码的过程进行总结。`Locator` 对象通过 ArcGIS Server 实例中引用地理编码服务进行创建，以 JSON 对象形式的输入地址创建，并通过 `addressToLocation()`方法提交给 `Locator` 对象。它返回一个或多个 `AddressCandidate` 对象，之后这些对象将会被绘制到地图上，如图 8-3 所示。

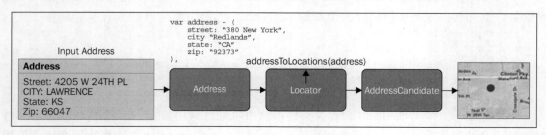

图 8-3　地理编码处理过程

8.2.4 逆地理编码处理

让我们同样来学习逆地理编码处理，该过程同样使用 `Locator` 对象，它引用一个指向地理编码服务的 URL。当在地图上单击某个位置或者其他应用程序产生的一些事件时，其结果是创建一个 `Point` 几何对象。之后该 `Point` 对象会和距离值一起通过 `location ToAddress()` 方法提交到 `Locator` 中。`distance` 属性，以米为单位，决定了 `Locator` 试图查找地址的半径。

假如搜索到半径范围内的某个地址，会创建 `AddressCandidate` 对象并可解码为一个地址，如图 8-4 所示。

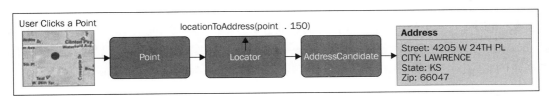

图 8-4　逆地理编码处理过程

8.3　使用 Locator 服务练习

本练习中，将学习如何使用 `Locator` 类来进行地址地理编码操作，并将结果叠加到由 ArcGIS Online 提供的底图上面。打开 JavaScript 沙盒地址：http://developers.arcgis.com/en/javascript/sandbox/sandbox.html，并执行如下步骤。

1. 用文本编辑器打开 ArcGISJavaScriptAPI 文件夹下的名为 `geocode_begin.html` 的文件。此处我使用的是 Notepad++，但是你可以使用任何你习惯使用的文本编辑器。本练习中的一些代码已经为你编写好了，因此你可以关注地理编码的功能。

2. 复制并粘贴文件中的代码来代替当前沙盒中的代码。

3. 添加下列我们将在本练习中使用到的对象引用。

```
var map, locator;
require([
        "esri/map", "esri/tasks/locator", "esri/graphic",
        "esri/InfoTemplate", "esri/symbols/SimpleMarkerSymbol",
        "esri/symbols/Font", "esri/symbols/TextSymbol",
        "dojo/_base/array", "dojo/_base/Color",
```

```
         "dojo/number", "dojo/parser", "dojo/dom", "dijit/
    registry","dijit/form/Button", "dijit/form/Textarea",
         "dijit/layout/BorderContainer",
          "dijit/layout/ContentPane", "dojo/domReady!"
      ], function(
      Map, Locator, Graphic,
      InfoTemplate, SimpleMarkerSymbol,
      Font, TextSymbol,
      arrayUtils, Color,
      number, parser, dom, registry
      ) {
      parser.parse();
    }));
```

4. 此时在 require() 函数内部，我们将对 locator 变量进行初始化，并将其注册到 Locator.address-to-locations-complete 中。将下列两行代码添加到我们已经创建的 Map 对象的代码块后面。

```
locator = new
  Locator("http://geocode.arcgis.com/arcgis/rest/
  services/World/GeocodeServer");
locator.on("address-to-locations-complete", showResults);
```

Locator 构造函数必须是一个正确的指向定位服务的 URL 地址。此刻，我们使用 **World Geocoding Service**。我们已经为 Locator 对象注册了 Locator.address-to-locations-complete 事件。该事件会在地理编码完成时触发，并会调用 showResults() 函数来具体作为 on() 方法的一个参数。

5. 在我们已经创建的代码后面添加下列一行代码来为触发地理编码的按钮注册 click 事件。它将会触发名为 locate() 的 JavaScript 函数的执行，我们将在下一步中创建它。

```
registry.byId("locate").on("click", locate);
```

6. 该步骤中，我们将创建 locate() 函数，它将用来执行多个任务，包括清除任何已经存在的图形、创建一个网页中文本输入框的 Address JSON 对象、定义多个可选项和调用 Locator.addressToLocations() 方法，将下列代码添加到上面已经键入的代码的最后一行。

```
function locate() {
  map.graphics.clear();
  var address = {
```

```
     "SingleLine": dom.byId("address").value
  };
locator.outSpatialReference = map.spatialReference;
var options = {
  address: address,
  outFields: ["Loc_name"]
};
locator.addressToLocations(options);
}
```

该函数的第一行代码的作用是清除任何已经存在的图形，在当一个会话过程中用户键入多个地址时，它是必需的。接下来，我们将创建一个名为 address 的变量，它是一个用户键入的包含地址的 JSON 对象。然后我们设置输出空间参考系和创建一个 JSON 对象的包含地址和输出字段的 options 变量。最后调用 Locator.addressToLocations() 方法，并传递到 options 变量中。

7. showResults()函数将会接收 Locator 服务返回的结果，并将它们绘制到地图上。这种情况下，我们将显示在 0 到 100 范围内分数值超过 80 的地址。showResults() 函数部分的代码已经编写好了。通过下列加粗行的代码来创建一个新的变量来保存 AddressCandidate 对象。

```
function showResults(evt) {
  var candidate;
  var symbol = new SimpleMarkerSymbol();
  var infoTemplate = new InfoTemplate(
    "Location",
    "Address: ${address}<br />Score: ${score}<br />Source
      locator: ${locatorName}"
  );
  symbol.setStyle(SimpleMarkerSymbol.STYLE_SQUARE);
  symbol.setColor(new Color([153,0,51,0.75]));
```

8. 在创建 geom 变量的代码行后面，开始一个循环来遍历每一个返回自 Locator 的地址。

```
arrayUtils.every(evt.addresses, function(candidate) {

  });
```

9. if 语句用来检查 AddressCandidate.score 属性的值是否大于 80，我们仅想显示高匹配值的地址。

```
arrayUtils.every(evt.addresses, function(candidate) {
    if (candidate.score > 80) {
```

```
    }
});
```

10. 在 `if` 块内部，使用新的属性来创建一个 JSON 变量，它包含 AddressCandidate 对象的地址、分数和字段值。除此之外，`location` 属性将会被保存在 `geom` 变量中。

```
arrayUtils.every(evt.addresses, function(candidate) {
    if (candidate.score > 80) {
      var attributes = {
        address: candidate.address,
        score: candidate.score,
        locatorName: candidate.attributes.Loc_name
      };
      geom = candidate.location;

    }
});
```

11. 使用之前我们已经创建好的或者已创建过的 `geometry`、`symbol`、`attributes` 和 `infoTemplate` 变量来创建一个新的 `Graphics` 对象，并将它们添加到 `GraphicsLayer` 中。

```
arrayUtils.every(evt.addresses, function(candidate) {
    if (candidate.score > 80) {
      var attributes = {
        address: candidate.address,
        score: candidate.score,
        locatorName: candidate.attributes.Loc_name
      };
      geom = candidate.location;
      var graphic = new Graphic(geom, symbol, attributes,
infoTemplate);
      //add a graphic to the map at the geocoded location
      map.graphics.add(graphic);

    }
});
```

12. 为位置添加符号。

```
arrayUtils.every(evt.addresses, function(candidate) {
    if (candidate.score > 80) {
      var attributes = {
        address: candidate.address,
        score: candidate.score,
```

```
            locatorName: candidate.attributes.Loc_name
        };
        geom = candidate.location;
var graphic = new Graphic(geom, symbol, attributes, infoTemplate);
        //add a graphic to the map at the geocoded location
        map.graphics.add(graphic);
        //add a text symbol to the map listing the location of the matched
   address
        var displayText = candidate.address;
        var font = new Font(
          "16pt",
          Font.STYLE_NORMAL,
          Font.VARIANT_NORMAL,
          Font.WEIGHT_BOLD,
          "Helvetica"
        );

        var textSymbol = new TextSymbol(
          displayText,
          font,
          new Color("#666633")
        );
        textSymbol.setOffset(0,8);
        map.graphics.add(new Graphic(geom, textSymbol));

    }
});
```

13. 当得分超过 80 的地址被找到后，就会跳出循环。很多地址将会有多个匹配项，这会让人感到混淆不清。看一下以下代码片段。

```
arrayUtils.every(evt.addresses, function(candidate) {
    if (candidate.score > 80) {
      var attributes = {
        address: candidate.address,
        score: candidate.score,
        locatorName: candidate.attributes.Loc_name
      };
      geom = candidate.location;
      var graphic = new Graphic(geom, symbol, attributes,
   infoTemplate);
      //add a graphic to the map at the geocoded location
      map.graphics.add(graphic);
      //add a text symbol to the map listing the location of the
```

```
matched address
    var displayText = candidate.address;
    var font = new Font(
      "16pt",
      Font.STYLE_NORMAL,
      Font.VARIANT_NORMAL,
      Font.WEIGHT_BOLD,
      "Helvetica"
    );

    var textSymbol = new TextSymbol(
      displayText,
      font,
      new Color("#666633")
    );
    textSymbol.setOffset(0,8);
    map.graphics.add(new Graphic(geom, textSymbol));
    return false; //break out of loop after one candidate with score greater
than 80 is found.
  }
});
```

14. 你可能想要再次通过位于 ArcGISJavaScriptAPI/solution 文件夹下的解决方案文件 geocode_end.html 来检查你的代码。

15. 当单击 **Run** 按钮后，将看到图 8-5 所示结果。假如没有看到的话，需要重新检查你的代码来确保结果正确。

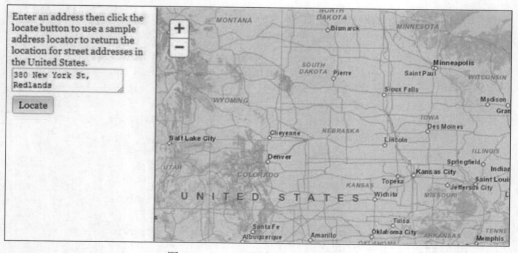

图 8-5　Locator 服务练习运行结果

16. 键入一个地址或者接受默认值，并单击"**Locate**"按钮，结果如图 8-6 所示。

图 8-6 练习运行结果

8.4 总结

ArcGIS Server Locator 服务可用来执行地理编码和逆地理编码操作。使用 ArcGIS API for JavaScript，可以将一个地址提交到 Locator 服务中，并获取该地址的几何地理坐标，然后将其绘制到地图上。地址在 JavaScript 中定义为一个 JSON 对象，它作为 Locator 对象的一个输入，用来进行地理编码操作，并以 AddressCandidate 对象返回结果，然后在地图上以一个点的形式展示。这种模式和我们在前面章节中看到的其他任务一样，有一个输入对象（Address 对象）为任务（Locator）提供输入参数，它们负责将任务提交到 ArcGIS Server 中。之后结果对象（AddressCandidate）会返回给一个回调函数，由回调函数负责处理返回的数据。在下一章中，我们将学习如何使用各种网络分析任务。

第 9 章
网络分析任务

网络分析服务允许对道路网络执行分析操作，比如查找一个地点到另一个地点的最佳路径、查找最近的学校、在某个位置附近定位服务区或者响应一系列服务车辆的订单。这些服务通过 REST 端点进行访问，有三种类型的分析服务：最短路径、临时设施和服务区。在本章我们将逐个学习每一种服务类型。所有的网络分析服务都需要有 ArcGIS Server 中的网络分析插件的支持。

本章中，我们将介绍如下主题。

◆ 最短路径任务。

◆ 最短路径练习。

◆ 临近设施分析任务。

◆ 服务区分析任务。

9.1 最短路径任务

在 ArcGIS API for JavaScript 中，最短路径允许使用一个名为 RouteTask 的对象来查找两个或多个位置间的最短路径，并有选择地提供行驶方向。RouteTask 对象使用网络分析服务来计算最短路径，它包括简单和复杂的路径，比如多个停靠点、障碍点和时间窗口。

RouteTask 对象在一个网络中的多个位置使用最短路径算法。网络上的阻抗包括时间和距离变量。图 9-1 所示为 RouteTask 执行的输出结果。

和其他任务中的类一样，最短路径是通过一系列对象来完成的，它们包括 Route Parameters、RouteTask 和 RouteResult。如图 9-2 所示为这三个路径对象。

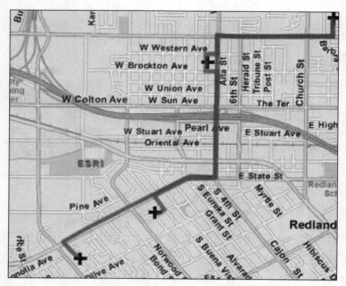

图 9-1 RouteTask 执行的结果

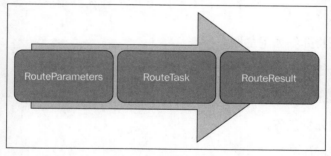

图 9-2 三个路径对象

RouteParameters 对象为 RouteTask 提供输入参数，它使用输入参数来将路径请求提交到 ArcGIS Server 中，然后 ArcGIS Server 以 RouteResult 对象形式返回结果。

RouteParameters 对象作为 RouteTask 对象的输入，包括停靠点和障碍物位置、阻抗、是否返回驾驶方向和路径以及更多其他内容。可以从 https://developers.arcgis.com/en/javascript/jsapi/routeparameters-amd.html 获取 JavaScript API 中所有参数的完整列表。下面提供一段简短的代码，它显示了如何创建一个 RouteParameters 示例、添加停靠点、定义输出空间参考系。

```
routeParams = new RouteParameters();
routeParams.stops = new FeatureSet();
routeParams.outSpatialReference = {wkid:4326};
```

```
routeParams.stops.features.push(stop1);
routeParams.stops.features.push(stop2);
```

RouteTask 对象使用由 RouteParameters 提供的输入参数来执行最短路径操作。RouteTask 的构造函数接收一个 URL，它是用来指向确认用于分析的网络服务。在 RouteTask 上调用 solve() 方法来对由输入参数提供的网络分析服务执行最短路径任务。

```
routeParams = new RouteParameters();
routeParams.stops = new FeatureSet();
routeParams.outSpatialReference = {wkid:4326};
routeParams.stops.features.push(stop1);
routeParams.stops.features.push(stop2);
routeTask.solve(routeParams);
```

RouteTask 将网络分析服务返回的 RouteResult 对象提供到一个回调函数中，该回调函数随后处理数据，并将它显示在用户眼前。返回的数据很大程度上取决于由 RouteParameters 对象提供的输入。RouteParameters 中一个非常重要的属性是 stops 属性，它们是包含了在分析过程中点之间的最佳路径点。stops 可以是 DataLayer 或者 FeatureSet 实例，也就是分析中包括的一系列停靠点。

障碍点也是最短路径操作中的一个重要概念。障碍点是在规划路径时用来限制移动用的。障碍点包括交通事故、街道路段建筑施工或者其他一些延误，比如铁路交叉口。障碍物定义为 FeatureSet 或者 DataLayer，并具体由 RouteParameters.barriers 属性指定。下列代码显示了如何通过代码创建障碍点。

```
var routeParameters = new RouteParameters();
//Add barriers as a FeatureSet
routeParameters.barriers = new FeatureSet();
routeParameters.barriers.features.push(map.graphics.add(new
    Graphic(evt.mapPoint,  barrierSymbol)))
```

仅当 RouteParameters.returnDirections 设置为 true 才会返回方向。当选择返回方向，你还可以使用多种属性来控制返回的方向。你可以控制方向的语言（RouteParameters.directionsLanguage）、长度单位（RouteParameters.directionsLengthUnits）、输出类型（RouteParameters.directionsOutputType）、样式名称（RouteParameters.StyleName）和时间属性（RouteParameters.directionsTimeAttribute）。除此之外，方向返回的数据也包括点之间的路径、路径的名称和停靠点数组。

如果某个停靠点不可到达，就可以指定该任务失败，它是通过 RouteParameters.ignoreInvalidLocations 属性来完成的，该属性可以设置成 true 或者 false。你还可以通过属性将时间引入到分析中，比如 RouteParameters.startTime，它指定路径开始的时间，RouteParameters.useTimeWindows 用来定义分析中使用到的时间范围。

9.2 最短路径练习

本练习中，将学习在应用程序中如何执行最短路径操作。创建一个 RouteParameters 实例、允许用户单击地图来添加停靠点和解决路径。返回的路径在地图上显示的是一个线性符号。按照下列步骤来创建包括最短路径的应用程序。

1. 打开 JavaScript 沙盒地址：http://developers.arcgis.com/en/javascript/sandbox/sandbox.html。

2. 移除下列代码片段中加粗部分的<script>标签中的 JavaScript 内容。

```
<script>
  dojo.require("esri.map");

  function init(){
    var map = new esri.Map("mapDiv", {
      center: [-56.049, 38.485],
      zoom: 3,
      basemap: "streets"
    });
  }
  dojo.ready(init);
</script>
```

3. 添加本练习中我们将使用到的下述对象引用。

```
<script>
  require([
      "esri/map",
      "esri/tasks/RouteParameters",
      "esri/tasks/RouteTask",

      "esri/tasks/FeatureSet",
      "esri/symbols/SimpleMarkerSymbol",
      "esri/symbols/SimpleLineSymbol",
      "esri/graphic",
      "dojo/_base/Color"
    ],
    function(Map, RouteParameters, RouteTask,
      FeatureSet, SimpleMarkerSymbol, SimpleLineSymbol,
```

```
    Graphic, Color ){

  });
</script>
```

4. 在 require() 函数内部，如下代码片段所示创建 Map 对象，并定义变量来保存用于显示目的的路径对象和符号。

```
<script>
  require([
      "esri/map",
      "esri/tasks/RouteParameters",
      "esri/tasks/RouteTask",
      "esri/tasks/RouteResult",
      "esri/tasks/FeatureSet",
      "esri/symbols/SimpleMarkerSymbol",
      "esri/symbols/SimpleLineSymbol",
      "esri/graphic","dojo/_base/Color"
                ],
      function(Map, RouteParameters, RouteTask, RouteResult,
      FeatureSet, SimpleMarkerSymbol, SimpleLineSymbol,
      Graphic, Color ){
          var map, routeTask, routeParams;
          var stopSymbol, routeSymbol, lastStop;

          map = new Map("mapDiv", {
            basemap: "streets",
            center:[-123.379, 48.418], //long, lat
            zoom: 14
          });
  });
</script>
```

5. 在已经创建了的 Map 对象代码块后面，为 Map.click() 事件添加一个事件处理程序，它将触发 addStop() 函数。

```
map = new Map("mapDiv", {
    basemap: "streets",
    center:[-123.379, 48.418], //long, lat
    zoom: 14
});
map.on("click", addStop);
```

6. 创建 RouteTask 和 RouteParameters 对象，设置 RouteParameters.stops 属性等于一个新的 FeatureSet 对象。另外，设置 RouteParameters.outSpatialReference 属性。

```
map = new Map("mapDiv", {
    basemap: "streets",
    center:[-123.379, 48.418], //long, lat
    zoom: 14
});
map.on("click", addStop);
routeTask = new RouteTask
    ("http://tasks.arcgisonline.com/ArcGIS/rest/services/
NetworkAnalysis/ESRI_Route_NA/NAServer/Route");
routeParams = new RouteParameters();
routeParams.stops = new FeatureSet();
routeParams.outSpatialReference = {"wkid":4326};
```

图 9-3 所示为包含网络分析的服务目录。

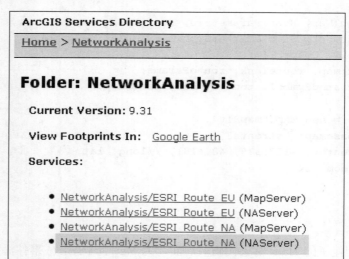

图 9-3   网络分析的服务目录

7. 为 RouteTask.solve-complete() 事件和 RouteTask.error() 事件的完成添加事件处理程序。最短路径任务成功完成会触发 showRoute() 函数的执行。出现任何错误的话，会触发 errorHandler() 函数的执行。

```
routeParams = new RouteParameters();
routeParams.stops = new FeatureSet();
```

```
routeParams.outSpatialReference = {"wkid":4326};

routeTask.on("solve-complete", showRoute);
routeTask.on("error", errorHandler);
```

8. 为路径的起点和终点以及它们之间的路径的线段创建符号对象，将下列代码添加到上一步中添加的两行代码之后。

```
stopSymbol = new
  SimpleMarkerSymbol().setStyle
    (SimpleMarkerSymbol.STYLE_CROSS).setSize(15);
stopSymbol.outline.setWidth(4);
routeSymbol = new SimpleLineSymbol().setColor(new
  Color([0,0,255,0.5])).setWidth(5);
```

9. 创建当用户单击地图时将会触发的 `addStop()` 函数，该函数将接收一个 `Event` 对象作为其唯一的参数，地图上单击的点可以从该对象中获取到。`addStop()` 函数将会向地图添加一个点图形，然后将图形添加到 `RouteParameters.stops` 属性中。第二次单击地图，将会调用 `RouteTask.solve()` 方法，并传递一个 `RouteParameters` 实例。

```
function addStop(evt) {
    var stop = map.graphics.add(new Graphic(evt.mapPoint,
stopSymbol));
    routeParams.stops.features.push(stop);

    if (routeParams.stops.features.length >= 2) {
      routeTask.solve(routeParams);
      lastStop = routeParams.stops.features.splice(0,
1)[0];
    }
}
```

10. 创建 `showRoute()` 函数，它接收一个 `RouteResult` 实例。在这个函数中唯一需要做的就是将路径当作线段添加到 `GraphicsLayer` 中去。

```
function showRoute(solveResult) {
  map.graphics.add(solveResult.result.routeResults[0]
    .route.setSymbol(routeSymbol));
  }
```

11. 最后，避免最短路径出现问题，添加错误回调函数。该函数会向用户显示错误信息，并移除任何剩余的图形。

```
function errorHandler(err) {
  alert("An error occurred\n" + err.message + "\n" +
err.details.join("\n"));

  routeParams.stops.features.splice(0,0,lastStop);
  map.graphics.remove
(routeParams.stops.features.splice(1,  1)[0]);
}
```

12. 检查 ArcGISJavaScriptAPI 文件夹下的解决方案文件（routing.html）来确认代码已经正确编写。

13. 单击 **Run** 按钮，应当看到图 9-4 所示的地图输出，假如没有的话，需要重新检查代码的正确性。

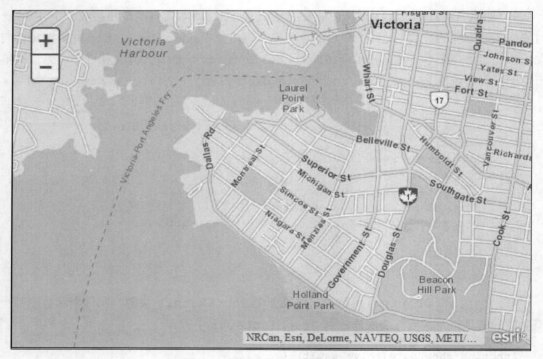

图 9-4　最短路径的地图输出结果

14. 单击地图上的任意一个位置，将看到图 9-5 所示的点标记符号。

15. 单击地图上的任意一个另外的点，将会显示第二个点符号标记以及两个点之间最佳路径，如图 9-6 所示。

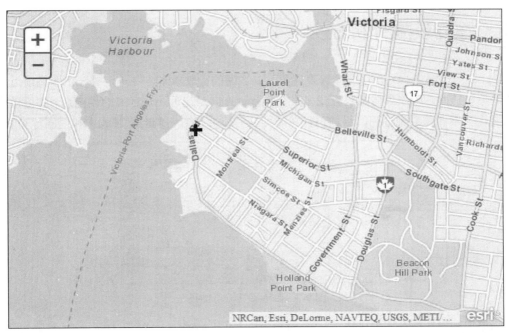

图 9-5　点符号标记

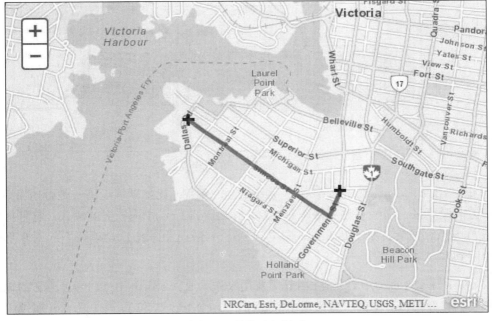

图 9-6　最佳路径显示

9.3 临近设施分析任务

ClosestFacility 任务计算事件和设施之间的行驶成本，并决定哪一个距离最近。当查找最近设施时，可以具体指定查找多少个和行驶方向是趋近还是远离的设施点。临近设施分析器显示了事件和设施之间的最佳路径（如图 9-7），并报告它们的行驶成本和返回行驶方向。

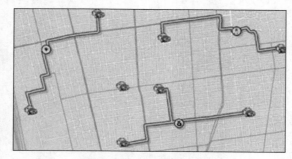

图 9-7 临近设施分析结果

临近设施操作涉及的类包括 ClosestFacilityParameters、ClosestFacilityTask 和 ClosestFacilitySolveResults，如图 9-8 所示。

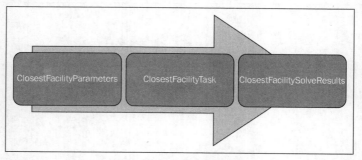

图 9-8 临近设施的三个类

ClosestFacilityParameters 类包括输入参数，比如默认近路、是否返回事件、路径和方向及更多。这些参数都将作为 ClosestFacilityTask 类的输入，它包括一个 solve() 方法。最后，ArcGIS Server 以 ClosestFacilitySolveResults 对象形式将结果返回到客户端上。

ClosestFacilityParameters 对象用来作为 ClosestFacilityTask 的输入，接下来我们将介绍该对象的一些最常用的属性。incidents 和 facilities 属性用来为分析设定位置。任务返回的数据可以通过 returnIncidents、returnRoutes 和

returnDirections 属性来控制指示信息是否在结果中返回，它们就是简单的 true 或者 false 值。traveDirection 参数指定路径是从设施出发还是到达设施，defaultCutoff 是当超过分析范围时将会停止遍历的中断值。下列代码示例显示了如何创建一个 ClosestFacilityParameters 实例以及设置各种属性。

```
params = new ClosestFacilityParameters();
params.defaultCutoff = 3.0;
params.returnIncidents = false;
params.returnRoutes = true;
params.returnDirections = true;
```

当创建了一个新的 ClosestFacilityTask 实例后，需要指向一个 REST 资源来表示网络分析服务。一旦创建后，ClosestFacilityTask 类接收由 ClosestFacilityParameters 提供的输入参数，并使用 solve() 方法将它们提交到网络分析服务中。

如下列代码所示，solve() 方法还接收回调函数和错误回调函数。

```
cfTask = new
  ClosestFacilityTask("http://<domain>/arcgis/rest/services/network/
ClosestFacility");
params = new ClosestFacilityParameters();
params.defaultCutoff = 3.0;
params.returnIncidents = false;
params.returnRoutes = true;
params.returnDirections = true;
cfTask.solve(params, processResults);
```

从 ClosestFacilityTask 操作返回的结果是一个 ClosestFacilitySolveResult 对象。这个对象包含多个属性，包括 DirectionsFeatureSet 对象，它是一个方向数组，该 DirectionsFeatureSet 对象包括建议路线规划指示文本和几何路径。每个特征的属性提供和路径部分相关的信息，返回的属性包括访问文本、路径部分的长度、路线行驶时间和到达行驶路线的预估时间。ClosestFacilitySolveResults 内的其他属性包括包含设施和事件的数组、返回代表线路的路线数组、任何返回的信息和包含障碍点的数组。

9.4 服务区分析任务

如图 9-9 所示，新的 ServiceArea 任务用于计算一个输入位置点附件的服务区。该服务区以分钟来定义，它是一个在该时间范围内所有可到达的街道地区。

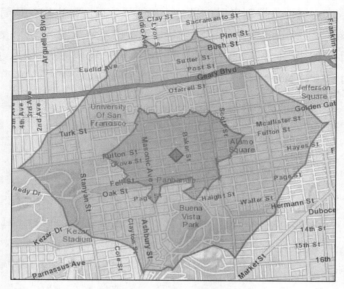

图 9-9　服务区分析结果

服务区操作涉及的类包括 ServiceAreaParameters、ServiceAreaTask 和 ServiceAreaSolveResults，如图 9-10 所示。

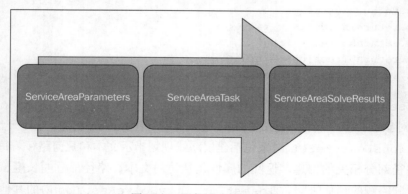

图 9-10　服务区分析三个类

ServiceAreaParameters 类包括输入参数，比如默认的中断、涉及的设施、障碍点和限制点、行驶方向和其他。这些参数用于 ServiceAreaTask 类调用 solve() 方法的输入。在 ServiceAreaParameters 中定义的参数会传递到 ServiceAreaTask 中。最后，ArcGIS Server 以 ServiceAreaSolveResults 对象形式将结果返回到客户端。ServiceAreaParameters 对象用作 ServiceAreaTask 的输入，该对象的一些常用属性已经在本章中讨论过了，defaultBreaks 属性是一个定义服务区的数字数组。比如，下述代码示例，单值 2 表示我们将在两分钟到达设施附近的服务区。returnFacilities 属性设置为 true 时，表示设施将随结果一起返回。可以通过障碍点属性设置各种点、线和面类型的障碍点。分析中的行驶方向可以到达或者远离设施，它可以通过 travelDirection 属性进行设置。ServiceAreaParameters 还有很多其他属性可以设置，如下代码所示。

```
params = new ServiceAreaParameters();
params.defaultBreaks = [2];
params.outSpatialReference = map.spatialReference;
params.returnFacilities = false;
```

ServiceAreaTask 类使用道路网络在一个位置附近查找服务区信息，ServiceAreaTask 的构造函数应该指向一个代表网络分析服务的 REST 资源。通过调用 ServiceAreaTask 的 solve() 方法来将一个请求提交到服务区任务中进行求解。

从 ServiceAreaTask 操作中返回的结果是一个 ServiceAreaSolveResult 对象，该对象包含各种属性，包括 ServiceAreaPolygons 属性，它是从分析中返回的服务区面的数组。此外，还有一些其他属性，包括设施、信息和障碍点。

9.5　总结

最短路径拥有添加、查找两个或多个位置之间的最短路径到应用程序中的功能。此外，还可以得到位置间的行驶方向，它是通过 RouteTask 对象执行网络分析来完成的。该功能和其他网络分析服务一样，需要使用 ArcGIS Server 中的网络分析插件。其他网络分析任务，包括临近实施任务，它允许计算事件和设施之间的行驶成本，并决定哪一个和另外一个最近。服务区任务是计算一个输入位置附近的服务区。在下一章中，我们将学习如何在应用程序中执行地理处理任务。

第 10 章
地理处理任务

地理处理是指以逻辑方式自动化和连锁式 GIS 操作来完成一些种类的 GIS 任务。比如，想要对一个河流图层进行缓冲，然后剪切出植物图层到该新创建的缓冲中去。模型可以通过 ArcGIS Desktop 创建，并以自动方式运行在桌面环境或者通过集中式服务器上的 Web 应用程序来访问。在 ArcToolbox 中的任何工具，无论是 ArcGIS 许可层次的内置工具还是自己创建的自定义工具，都可以用在模型中并且和其他工具链在一起。本章介绍如何通过 ArcGIS API for JavaScript 来访问这些地理处理任务。

在本章中，我们将学习如下主题。

◆ ArcGIS Server 模型。

◆ 使用地理处理——你需要了解哪些。

◆ 理解地理处理任务的服务页。

◆ 地理处理任务。

◆ 任务运行。

◆ 地理处理任务练习。

图 10-1 所示为使用 ModelBuilder 来创建一个模型的构件。这种模型可以发布到

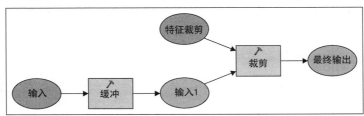

图 10-1   模型构件

ArcGIS Server 上作为地理处理任务，然后在应用程序中进行访问。

10.1 ArcGIS Server 模型

模型利用 ArcGIS Desktop 中的 ModelBuilder 进行创建。一旦模型创建完成，它们就可以发布到 ArcGIS Server 中作为地理处理任务。然后，Web 应用程序使用 ArcGIS API for JavaScript 中的 Geoprocessor 对象来访问这些任务并获取信息。这些模型和工具由于计算密集的性质和 ArcGIS 软件的需要运行在 ArcGIS Server 上。任务通过应用程序提交到服务器上，当服务完成后会得到结果。提交任务并获取结果是通过 Geoprocessor 对象完成的，该过程如图 10-2 所示。

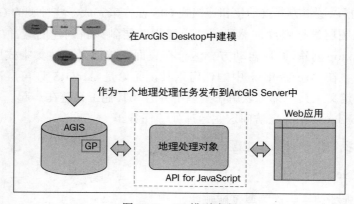

图 10-2 GP 模型流程

10.2 地理处理——你需要了解哪些

当使用地理处理服务时需要知道下列三件事情，如图 10-3 所示。

首先，需要知道模型或者工具所在位置的 URL。一个示例 URL 为 http://sampleserver1.arcgisonline.com/ArcGIS/rest/services/Demographics/ESRI_Population_World/GPServer/PopulationSummary。

然后，访问到这个链接，可以找到关于输入和输出参数的信息、任务是异步的还是同步以及更多其他内容。关于输入和输出参数，需要了解和这些参数相关的数据类型，以及这些参数是否都是必需的。

最后，需要知道该任务是异步的还是同步的，以及基于这一点代码中是如何配置的。

所有的这些信息都可以在地理处理任务的服务页面中找到。

10.3 理解地理处理任务的服务页

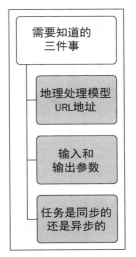

图 10-3 地理处理任务需要知道的三件事情

地理处理服务的服务页面中包括关于该服务的元数据信息，它包括执行的类型是异步的还是同步的方式。图 10-4 所示的 PopulationSummary 服务是一个同步任务，它代表着应用程序在结果返回之前会一直处于等待状态，这种同步执行方式主要用于那些执行速度快的任务。异步任务作为一个作业进行提交，然后应用程序在地理处理服务运行期间可以继续执行其他功能。当任务完成后，它会通知应用程序地理处理已经完成，并已经准备好了结果。

其他信息包括参数名称、参数数据类型、参数是输入类型还是输出类型、参数是必需的还是可选的、几何类型、空间参考系和字段。

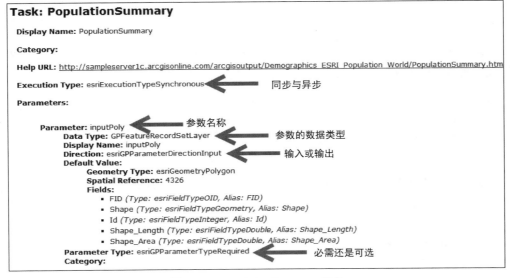

图 10-4 PopulationSummary 服务

输入参数

对于提交到地理处理任务中的输入参数，我们必须记住一些细节。几乎所有的地理处理任务都需要一个或多个参数，这些参数可以是必需的或者可选的，并且创建成 JSON 对象。在本节中，将看到代码示例是如何创建这些 JSON 对象的。当创建参数为 JSON 对象时，必须要记住创建它们的顺序要和服务页面上显示的顺序完全一致，这些参数的名称也必须和服务页面中的名称完全一致。图 10-5 所示为如何来查看服务中的输入参数。

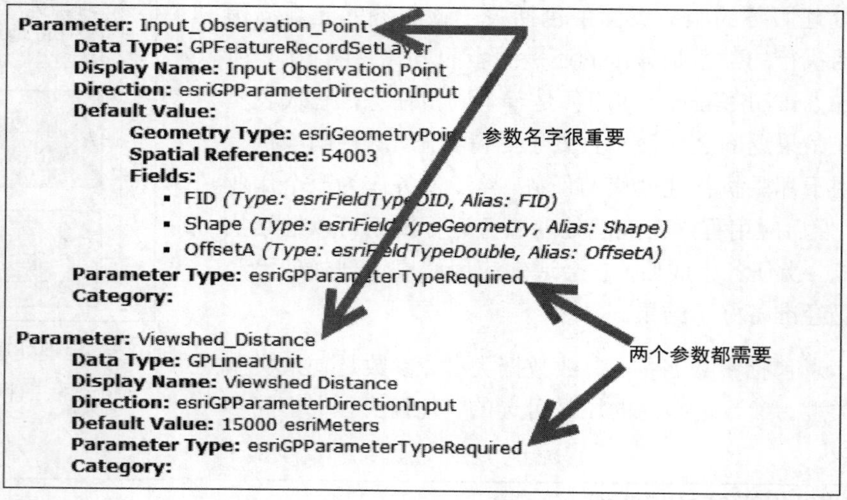

```
Parameter: Input_Observation_Point
    Data Type: GPFeatureRecordSetLayer
    Display Name: Input Observation Point
    Direction: esriGPParameterDirectionInput
    Default Value:
        Geometry Type: esriGeometryPoint    参数名字很重要
        Spatial Reference: 54003
        Fields:
            ▪ FID (Type: esriFieldTypeOID, Alias: FID)
            ▪ Shape (Type: esriFieldTypeGeometry, Alias: Shape)
            ▪ OffsetA (Type: esriFieldTypeDouble, Alias: OffsetA)
    Parameter Type: esriGPParameterTypeRequired
    Category:

Parameter: Viewshed_Distance
    Data Type: GPLinearUnit
    Display Name: Viewshed Distance                    两个参数都需要
    Direction: esriGPParameterDirectionInput
    Default Value: 15000 esriMeters
    Parameter Type: esriGPParameterTypeRequired
    Category:
```

图 10-5　输入参数

下列示例代码是正确的，因为参数的名称的拼写和在服务页面中看到的完全一致（注意到大小写也是一样的），并且按照正确的顺序提供。

```
var params = {
    Input_Observation_Point: featureSetPoints,
    Viewshed_Distance: 250
};
```

相反地，下面的代码就是错误的，因为参数是按照逆序提供的。

```
var params = {
    Viewshed_Distance: 250,
    Input_Observation_Point: featureSetPoints
};
```

图 10-5 所示为提供给地理处理任务的输入参数，当编写 JSON 输入参数对象时，提供和服务页面中给定的参数名称和参数顺序完全一致至关重要。注意代码示例中，我们提供了两个参数：Input_Observation_Point 和 Viewshed_Distance。这两个参数都是必需的，并且和服务页面中出现的名称和顺序完全一致。

10.4 地理处理任务

ArcGIS API for JavaScript 中的 Geoprocessor 类代表了一个 GP 任务资源，它是地理处理服务中的单一任务。输入参数通过调用 Geoprocessor.execute() 或者 Geoprocessor.submitJob() 传递到 Geoprocessor 类中，我们将稍后讨论这两种调用的区别。执行地理处理任务后，结果返回到 Geoprocessor 对象的回调函数中来处理。创建一个 Geoprocessor 类的实例就是将一个 URL 指向由 ArcGIS Server 暴露的地理处理服务，它需要引用 esri/tasks/gp。下列代码为如何创建一个 Geoprocessor 对象实例。

```
gp = new Geoprocessor(url);
```

任务运行

一旦对 ArcGIS Server 实例提供的地理处理模型和工具以及输入和输出参数有了一定了解后，就可以开始编写代码来执行地理处理任务。地理处理作业以同步或异步方式提交到 ArcGIS Server 中执行。同步执行意味着客户端调用执行任务，然后在应用程序代码继续执行之前一直处于等待结果返回状态。异步执行是指客户端提交一个作业，然后继续运行其他功能，作业完成之后才检查返回结果，客户端默认每秒检查一次完成的返回结果直到作业完成。服务页面提供如何为每一个地理处理任务提交作业，简单地看一下服务页中的执行类型，当模型发布成为一个服务时，执行类型已经设定好了。作为一个开发人员，当模型发布之后，你是无法控制执行类型的。

1. 同步任务

同步任务需要应用程序代码提交一个作业，在继续向下执行之前一直等待响应。因为终端用户在继续和应用程序交互之前必须一直等待，直到有结果返回为止，所以这种任务仅用于那些能快速返回结果的任务。假如一个任务需要花费几秒的话，它应当被定义成异步的而不是同步的。当数据不能在很短的时间内返回的话，用户会很快对应用程序感到失望的。

你需要使用带有输入参数属性的 Geoprocessor.execute() 方法和提供的回调函数。回调函数会在当地理处理任务返回已提交的作业结果后执行，这些结果会保存在 ParameterValue 数组中。

2. 异步任务

异步任务是提交一个作业，在等待处理返回结果前其他功能还可以继续执行，然后定时到 ArcGIS Server 中往返来获取完成后的结果。异步任务的好处是用户不需要一直等待结果，相反，任务提交之后用户可以继续和应用程序进行交互直到任务处理完成。当处理完成之后，应用程序中会触发回调函数，然后可以对返回的结果进行处理。

Geoprocessor.submitJob() 方法用来提交一个作业到地理处理任务中，同时还需要提供输入参数、回调函数和状态回调函数。状态回调函数在应用程序中每次检查返回结果时执行，默认的状态是每秒钟检查一次。这个时间间隔可以通过使用 Geoprocessor.setUpdateDelay() 方法进行修改。每次当状态检查完之后，返回一个 JobInfo 对象，它包含了指示作业状态的信息。当 JobInfo.jobStatus 设置成 STATUS_SUCCEEDED，将调用完成回调函数。

异步任务处理的可视化处理流程如图 10-6 所示，它可以帮助我们加深理解这些类型的任务是如何操作的。创建输入参数并传递到 Geoprocessor 对象中，它使用这些参数来将地理处理作业提交到 ArcGIS Server 中。之后 Geoprocessor 对象会定时执行 statusCallback() 回调函数，该函数是用来检查地理处理服务以判断作业是否已经完成。该过程一直重复直到作业完成，此时调用完成回调函数并传递作业的结果。

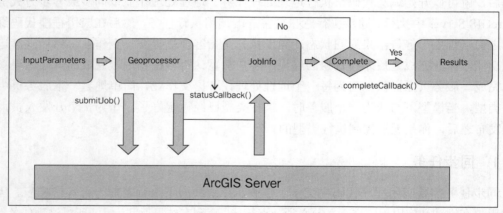

图 10-6　异步处理流程

10.5　地理处理任务练习

本练习中，将编写一个简单的应用程序并访问由 Esri 提供的 CreateDriveTime-Polygons 模型在地图上显示行驶时间面层。该应用程序将会创建单击地图上点附近的 1、2 和 3 分钟行驶时间面层。

1. 打开 JavaScript 沙盒地址：http://developers.arcgis.com/en/javascript/sandbox/sandbox.html。

2. 移除下列代码片段中加粗部分的<script>标签中的 JavaScript 内容。

```
<script>
    dojo.require("esri.map");

    function init(){
    var map = new esri.Map("mapDiv", {
        center: [-56.049, 38.485],
        zoom: 3,
        basemap: "streets"
      });
    }
    dojo.ready(init);
</script>
```

3. 添加本练习中我们将使用到的下述对象引用。

```
<script>
    require([
      "esri/map",
      "esri/graphic",
      "esri/graphicsUtils",
      "esri/tasks/Geoprocessor",
      "esri/tasks/FeatureSet",
      "esri/symbols/SimpleMarkerSymbol",
      "esri/symbols/SimpleLineSymbol",
      "esri/symbols/SimpleFillSymbol",
      "dojo/_base/Color"],
    function(Map, Graphic, graphicsUtils, Geoprocessor, FeatureSet,
  SimpleMarkerSymbol, SimpleLineSymbol, SimpleFillSymbol,
  Color){

    });
</script>
```

4. 如下列代码片段所示，创建一个 Map 对象并定义变量来保存 Geoprocessor 对象和行驶时间。

```
<script>
    require([
      "esri/map",
      "esri/graphic",
      "esri/graphicsUtils",
```

```
    "esri/tasks/Geoprocessor",
    "esri/tasks/FeatureSet",
    "esri/symbols/SimpleMarkerSymbol",
    "esri/symbols/SimpleLineSymbol",
    "esri/symbols/SimpleFillSymbol",
    "dojo/_base/Color"],
  function(Map, Graphic, graphicsUtils, Geoprocessor,
FeatureSet, SimpleMarkerSymbol, SimpleLineSymbol,
SimpleFillSymbol, Color){
    var map, gp;
    var driveTimes = "1 2 3";

    // Initialize map, GP and image params
    map = new Map("mapDiv", {
      basemap: "streets",
      center:[-117.148, 32.706], //long, lat
      zoom: 12
    });
  });
</script>
```

5. 在 `require()` 函数内部，创建一个新的 `Geoprocessor` 对象并设置输出空间参考系。

```
// Initialize map, GP and image params
map = new Map("mapDiv", {
  basemap: "streets",
  center:[-117.148, 32.706], //long, lat
  zoom: 12
});

gp = new
  Geoprocessor("http://sampleserver1.arcgisonline.com/
ArcGIS/rest/services/Network/ESRI_DriveTime_US/GPServer/
CreateDriveTimePolygons");
gp.setOutputSpatialReference({wkid:102100});
```

6. 为 `Map.click()` 事件设置一个事件监听器。每次当用户单击地图时，它将触发用于计算行驶时间的地理处理任务的执行。

```
gp = new Geoprocessor("http://sampleserver1.arcgisonline.
com/ArcGIS/rest/services/Network/ESRI_DriveTime_US/GPServer/
CreateDriveTimePolygons");
gp.setOutputSpatialReference({wkid:102100});
map.on("click", computeServiceArea);
```

7. 此时，将创建 computeServiceArea() 函数来作为 Map.click() 事件的处理程序。该函数将清除任何已经存在的图形并创建一个新的点图形来代表用户在地图上单击的那个点和执行地理处理任务。首先，在定义处理函数的代码行下面创建 computeServiceArea() 函数的存根。

```
gp = new Geoprocessor("http://sampleserver1.arcgisonline.
com/ArcGIS/rest/services/Network/ESRI_DriveTime_US/GPServer/
CreateDriveTimePolygons");
gp.setOutputSpatialReference({wkid:102100});
map.on("click", computeServiceArea);

function computeServiceArea(evt) {

}
```

8. 清除任何已经存在的图形并创建一个新的 SimpleMarkerSymbol 来代表在地图上单击的点。

```
function computeServiceArea(evt) {
  map.graphics.clear();
  var pointSymbol = new SimpleMarkerSymbol();
  pointSymbol.setOutline = new
    SimpleLineSymbol(SimpleLineSymbol.STYLE_SOLID, new
    Color([255, 0, 0]), 1);
  pointSymbol.setSize(14);
  pointSymbol.setColor(new Color([0, 255, 0, 0.25]));
}
```

9. 当 Map.click() 事件触发后，Event 事件将被创建并传递到 computeServiceArea() 函数。在代码中用 evt 变量代表该对象。本步骤中，将创建一个新的 Graphic 对象并为其传递 Event.mapPoint 属性，它包含了单击地图返回的 Point 几何以及在上一步中创建的 SimpleMarkerSymbol 实例。然后将该新的图形添加到 GraphicsLayer 中，以便于它能显示在地图上。

```
function computeServiceArea(evt) {
  map.graphics.clear();
  varpointSymbol = new SimpleMarkerSymbol();
  pointSymbol.setOutline = new
    SimpleLineSymbol(SimpleLineSymbol.STYLE_SOLID, new
    Color([255, 0, 0]), 1);
  pointSymbol.setSize(14);
```

```
pointSymbol.setColor(new Color([0, 255, 0, 0.25]));

var graphic = new Graphic(evt.mapPoint,pointSymbol);
map.graphics.add(graphic);
}
```

10. 现在创建一个名为 Features 的数组，并且将 Graphic 对象放到该数组中去。该图形数组最终将传递到 FeatureSet 对象并传递到地理处理任务中去。

```
functioncomputeServiceArea(evt) {
 map.graphics.clear();
 var pointSymbol = new SimpleMarkerSymbol();
 pointSymbol.setOutline = new
   SimpleLineSymbol(SimpleLineSymbol.STYLE_SOLID, new
   Color([255, 0, 0]), 1);
 pointSymbol.setSize(14);
 pointSymbol.setColor(new Color([0, 255, 0, 0.25]));

 var graphic = new Graphic(evt.mapPoint,pointSymbol);
 map.graphics.add(graphic);

 var features= [];
 features.push(graphic);
}
```

11. 创建一个新的 FeatureSet 对象并将图形的数组添加到 FeatureSet.features 属性中。

```
function computeServiceArea(evt) {
 map.graphics.clear();
 var pointSymbol = new SimpleMarkerSymbol();
 pointSymbol.setOutline = new
   SimpleLineSymbol(SimpleLineSymbol.STYLE_SOLID, new
   Color([255, 0, 0]), 1);
 pointSymbol.setSize(14);
 pointSymbol.setColor(new Color([0, 255, 0, 0.25]));

 var graphic = new Graphic(evt.mapPoint,pointSymbol);
 map.graphics.add(graphic)
 var features= [];
 features.push(graphic);
 var featureSet = new FeatureSet();
 featureSet.features = features;
}
```

12.　创建 JSON 对象来保存传入到地理处理任务中的输入参数并调用 `Geoprocessor.execute()`方法，输入参数包括 `Input_Location` 和 `Drive_Times`。请记住每一个输入参数的拼写都必须和服务页面中看到的参数完全一致，包括大小写。参数的顺序也同样非常重要，它也是定义在服务页面中。我们定义了一个 `FeatureSet` 对象的 `Input_Location` 参数，`FeatureSet` 对象中包含的图形数组在这种情况下仅仅是一个单独的点图形。`Drive_Times` 对象值硬编码为 1、2 和 3，并设置为先前我们创建的 `driveTimes` 变量。最后，调用 `Geoprocessor.execute()`方法，它将传递输入参数以及回调函数来处理结果，接下来我们将创建该回调函数。

```
function computeServiceArea(evt) {
    map.graphics.clear();
    varpointSymbol = new SimpleMarkerSymbol();
    pointSymbol.setOutline = new
      SimpleLineSymbol(SimpleLineSymbol.STYLE_SOLID, new
      Color([255, 0, 0]), 1);
    pointSymbol.setSize(14);
    pointSymbol.setColor(new Color([0, 255, 0, 0.25]));

    var graphic = new Graphic(evt.mapPoint,pointSymbol);
    map.graphics.add(graphic);

    var features= [];
    features.push(graphic);
    varfeatureSet = new FeatureSet();
    featureSet.features = features;
    var params = { "Input_Location":featureSet,
      "Drive_Times":driveTimes };
    gp.execute(params, getDriveTimePolys);
}
```

13.　在上一步中，我们定义了一个名为 `getDriveTimePolys()`的回调函数，它将在当分析行驶时间地理处理任务完成后触发。创建 `getDriveTimePolys()`函数，在 `computeServiceArea()`函数结束的花括号下面，开始为 `getDriveTimePolys()`添加存根。

```
function getDriveTimePolys(results, messages) {

}
```

14.　`getDriveTimePolys()`函数接收两个参数，包括结果对象和任何返回的信息。

定义一个新的 `features` 变量来保存地理处理任务返回的 `FeatureSet` 对象。

```
function getDriveTimePolys(results, messages) {
  var features = results[0].value.features;
}
```

15. 地理处理任务将返回三个 `Polygon` 图形。每一个 `Polygon` 图形代表一个硬编码作为输入参数（1、2 和 3 分钟）的行驶时间，创建一个 `for` 循环来处理每一个面层。

```
function getDriveTimePolys(results, messages) {
  var features = results[0].value.features;

  for (var f=0, fl=features.length; f<fl; f++) {

  }
}
```

16. 在 `for` 循环中，使用不同的颜色来符号化每一个面层，第一个图形是红色、第二个是绿色、第三个是蓝色。`FeatureSet` 对象中有 3 个面层，使用如下代码定义每个不同的面层符号，并将图形添加到 `GraphicsLayer` 中。

```
function getDriveTimePolys(results, messages) {
var features = results[0].value.features;

for (var f=0, fl=features.length; f<fl; f++) {
  var feature = features[f];
  if(f == 0) {
    var polySymbolRed = new SimpleFillSymbol();
    polySymbolRed.setOutline(new SimpleLineSymbol(
      SimpleLineSymbol.STYLE_SOLID, new Color([0,0,0,0.5]), 1));
    polySymbolRed.setColor(new Color([255,0,0,0.7]));
    feature.setSymbol(polySymbolRed);
  }
  else if(f == 1) {
    var polySymbolGreen = new SimpleFillSymbol();
    polySymbolGreen.setOutline(new
      SimpleLineSymbol(SimpleLineSymbol.STYLE_SOLID, new
      Color([0,0,0,0.5]), 1));
    polySymbolGreen.setColor(new Color([0,255,0,0.7]));
    feature.setSymbol(polySymbolGreen);
  }
  else if(f == 2) {
    var polySymbolBlue = new SimpleFillSymbol();
```

```
    polySymbolBlue.setOutline(new SimpleLineSymbol(
      SimpleLineSymbol.STYLE_SOLID, new
      Color([0,0,0,0.5]), 1));
    polySymbolBlue.setColor(new Color([0,0,255,0.7]));
    feature.setSymbol(polySymbolBlue);
  }
  map.graphics.add(feature);
}
```

17. 为 `GraphicsLayer` 设置地图范围，此时它包含已创建的三个面层。

```
function getDriveTimePolys(results, messages) {
  var features = results[0].value.features;

  for (var f=0, fl=features.length; f<fl; f++) {
    var feature = features[f];
    if(f === 0) {
      var polySymbolRed = new SimpleFillSymbol();
      polySymbolRed.setOutline(new
        SimpleLineSymbol(SimpleLineSymbol.STYLE_SOLID, new
        Color([0,0,0,0.5]), 1));
      polySymbolRed.setColor(new Color([255,0,0,0.7]));
      feature.setSymbol(polySymbolRed);
    }
    else if(f == 1) {
      var polySymbolGreen = new SimpleFillSymbol();
      polySymbolGreen.setOutline(new SimpleLineSymbol(
        SimpleLineSymbol.STYLE_SOLID, new
        Color([0,0,0,0.5]), 1));
      polySymbolGreen.setColor(new Color([0,255,0,0.7]));
      feature.setSymbol(polySymbolGreen);
    }
    else if(f == 2) {
      var polySymbolBlue = new SimpleFillSymbol();
      polySymbolBlue.setOutline(new SimpleLineSymbol(
        SimpleLineSymbol.STYLE_SOLID, new
        Color([0,0,0,0.5]), 1));
      polySymbolBlue.setColor(new Color([0,0,255,0.7]));
      feature.setSymbol(polySymbolBlue);
    }
    map.graphics.add(feature);
  }
  map.setExtent(graphicsUtils.graphicsExtent
    (map.graphics.graphics), true);
}
```

18. 添加一个`<div>`标签来保存应用程序中的指令说明。

```
<body>
<div id="mapDiv"></div>
<div id="info" class="esriSimpleSlider">
    Click on the map to use a Geoprocessing(GP) task to
        generate and zoom to drive time polygons. The drive time
        polygons are 1, 2, and 3 minutes.
</div>
</body>
```

19. 修改顶部的`<style>`标签中的下列加粗代码片段。

```
<style>
    html, body, #mapDiv {
                height: 100%;
                margin: 0;
                padding: 0;
                width: 100%;
    }
    #info {
                bottom: 20px;
                color: #444;
                height: auto;
                font-family: arial;
                left: 20px;
                margin: 5px;
                padding: 10px;
                position: absolute;
                text-align: left;
                width: 200px;
                z-index: 40;
    }
</style>
```

20. 检查 ArcGISJavaScriptAPI 文件夹下的解决方案文件（`drivetimes.html`）来确认代码已经正确编写。

21. 单击 **Run** 按钮，应当看到图 10-7 所示的地图输出。假如没有的话，需要重新检查代码的正确性。

22. 在地图上某处单击一下，之后将看到显示的行驶面层如图 10-8 所示，请耐心一点，因为有时候该操作会花费一定时间。

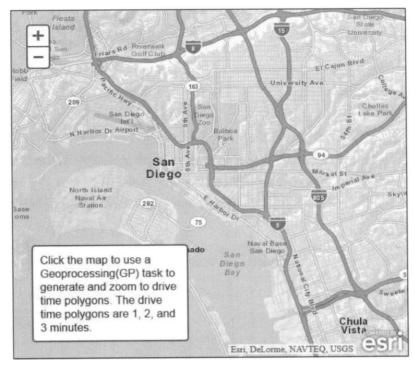

图 10-7 地理处理任务练习输出结果

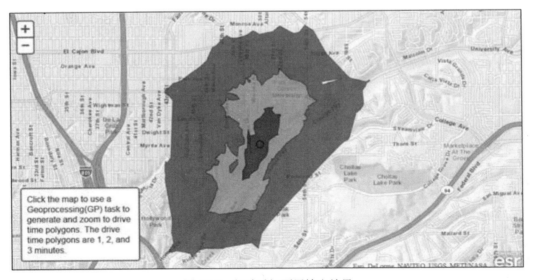

图 10-8 行驶时间面层输出结果

10.6 总结

ArcGIS Server 可以暴露地理处理服务以提供应用程序访问，比如模型和工具。这些工具运行在 ArcGIS Server 上，因为它们的计算密集的性质和 ArcGIS 软件的需要。作业通过应用程序提交到服务器上，并且当任务完成后返回结果。地理处理任务可以是同步方式或者异步方式，它是由 ArcGIS Server 管理员配置为其中的一种来运行的。作为一个应用程序开发人员，基于这些信息来理解调用访问哪种类型的地理处理服务方法很重要。此外，知道一个任务是同步还是异步的，需要知道地理处理模型或者工具的 URL 以及输入和输出参数。在下一章中，我们将学习如何从 ArcGIS Online 上添加数据和地图到应用程序中去。

第 11 章
整合 ArcGIS Online

ArcGIS Online 是一个专门提供地图和其他类型地理信息的网站。在该网站上，可以找到创建和共享地图的应用程序，也可以发现一些有用的可以查看和使用的底图、数据、应用程序和工具，另外还可以加入该社区。对于应用程序开发人员来说，最令人激动的消息是可以使用 ArcGIS API for JavaScript 来将 ArcGIS Online 中的内容融合到我们自定义开发的应用程序中去。在本章中，我们将探讨 ArcGIS Online 地图是如何被添加到应用程序中。

在本章中，我们将介绍如下主题。

◆ 使用 webmap ID 为应用程序添加 ArcGIS Online 地图。

◆ 使用 JSON 为应用程序添加 ArcGIS Online 地图。

◆ ArcGIS Online 练习。

11.1 使用 webmap ID 为应用程序添加 ArcGIS Online 地图

ArcGIS Server API for JavaScript 包括两种实用方法来使用 ArcGIS Online 上的地图。这两种方法都可以在 `esri/arcgis/utils` 资源中找到。`createMap()`方法用来创建 ArcGIS Online 项目中的一个地图。

ArcGIS Online 画廊中的每一个地图都有唯一的 ID，该唯一 ID 称作 webmap，它在当创建自定义应用程序并融合 ArcGIS Online 地图时会非常重要。要想获得将添加到 JavaScript API 应用程序中的地图的 webmap ID，只需单击你在 ArcGISOnline 中共享的地图即可，地址栏中将会包含该地图的 webmap ID，我们需要记下该 ID。图 11-1 所示为从浏览器地址栏中获取的某个地图的 webmap ID。

一旦获取自定义 JavaScript API 应用程序中想要融合的 ArcGIS Online 地图的

webmap ID，就需要调用 getItem()方法，并传入 webmap ID。getItem()方法返回
一个 dojo/Deferred 对象，该 Deferred 对象的创建是专门为了那些不能立即完成的任
务。它允许当任务完成后将执行定义的 success 和 failure 回调函数。在这种情况下，
成功完成将传入一个 itemInfo 对象到 success 函数中。

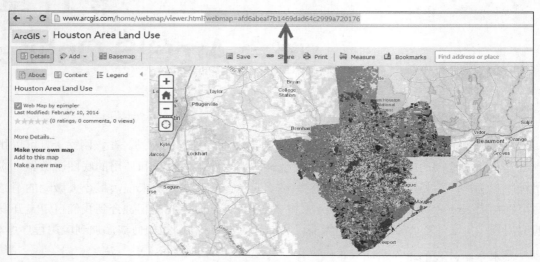

图 11-1　获取 webmap ID

该 itemInfo 对象将用来在自定义应用程序中创建一个来自 ArcGIS Online 的地图，
如下列代码所示为关于这些主题的描述。

```
var agoId = "fc160a96a98d4052ae191cc486961b61";
var itemDeferred = arcgisUtils.getItem(agoId);

itemDeferred.addCallback(function(itemInfo) {
var mapDeferred = arcgisUtils.createMap(itemInfo, "map", {
    mapOptions: {
    slider: true
  },
   geometryServiceURL: "http://sampleserver3.arcgisonline.com/ArcGIS/rest/
   services/Geometry/GeometryServer"
   });
mapDeferred.addCallback(function(response) {
    map = response.map;
    map.on("resize", resizeMap);
   });
mapDeferred.addErrback(function(error) {
    console.log("Map creation failed: " , json.stringify(error));
```

```
   });
      itemDeferred.addErrback(function(error) {
      console.log("getItem failed: ", json.stringify(error));
   });
}
```

我们将使用两个单独的例子来完整介绍这个函数。此时，我们将介绍 getItem() 方法的使用以及为成功或者失败创建回调函数。下列代码实例中的这些行代码已经加粗显示。第一行代码中，创建一个名为 agoId 的变量并为其分配了我们将要使用 webmap ID 的值。接下来我们调用 getItem()，并传入包含了 webmap ID 值的 agoId 变量。这将创建一个新的 dojo/Deferred 对象，然后我们为其分配一个名为 itemDeferred 的变量。使用该对象，然后创建 success 和 error 回调函数。success 函数调用 addCallback 并传入一个在创建地图中使用到的 itemInto 对象。在出现一些错误类型的情况下，将调用 addErrback 函数。现在让我们看一下地图是如何创建的。下列加粗行代码片段所示为地图创建的过程。

```
var agoId = "fc160a96a98d4052ae191cc486961b61";
var itemDeferred = arcgisUtils.getItem(agoId);

itemDeferred.addCallback(function(itemInfo) {
varmapDeferred = arcgisUtils.createMap(itemInfo, "map", {
mapOptions: {
    slider: true
  },
  geometryServiceURL: "http://sampleserver3.arcgisonline.com/ArcGIS/
  rest/services/Geometry/GeometryServer"
  });
mapDeferred.addCallback(function(response) {
    map = response.map;
    map.on("resize", resizeMap);
  });
mapDeferred.addErrback(function(error) {
    console.log("Map creation failed: " , json.stringify(error));
  });
itemDeferred.addErrback(function(error) {
    console.log("getItem failed: ", json.stringify(error));
  });
}
```

createMap() 方法用来创建来自 ArcGIS Online 的地图，该方法接收一个成功调用 getItem() 方法返回的 itemInfo 实例，或者你可以仅仅提供 webmap ID。和使用 ArcGIS Sever API for JavaScript 创建的任何地图一样，还需要提供一个<div>容器的引用来保存地图和其他任何想要提供的可选择地图选项。正如我们先前介绍的 getItem() 方法，

createMap()方法也返回一个可以用来指示成功和失败回调函数的 dojo/Deferred 对象。成功函数接收一个 response 对象，它包含 map 这个我们用来获取实际地图的属性。错误函数运行在当一个错误阻止地图创建发生的情况下。

11.2　使用 JSON 为应用程序添加 ArcGIS Online 地图

使用 webmap ID 创建一个地图的另一种方式是使用一个代表网页地图的 JSON 对象进行创建，这在应用程序无法访问 ArcGIS Online 的情况下会非常有用，如下列代码所示。

```
var webmap = {};
webmap.item = {"title":"Census Map of USA",
  "snippet": "Detailed description of data",
  "extent": [[-139.4916, 10.7191],[-52.392, 59.5199]]
};
```

接下来，具体指定构成地图的图层。在前面的代码片段中，添加了来自 ArcGIS Online 的 World Terrain 底图以及一个向地图上添加额外信息的覆盖图层，比如边界、城市、水特性和标志性建筑以及道路。添加一个可操作图层来显示 U.S. census 数据。

```
webmap.itemData = {
"operationalLayers": [{"url": "http://sampleserver1.
  arcgisonline.com/ArcGIS/rest/services/Demographics/ESRI_Census_USA/MapServer",
  "visibility": true,
  "opacity": 0.75,
  "title": "US Census Map",
  "itemId": "204d94c9b1374de9a21574c9efa31164"}],
  "baseMap": {
  "baseMapLayers": [{
  "opacity": 1,
  "visibility": true,
  "url": "http://services.arcgisonline.com/ArcGIS/rest/services/
  World_Terrain_Base/MapServer"
  },{
  "isReference": true,
  "opacity": 1,
  "visibility": true,
  "url": "http://services.arcgisonline.com/ArcGIS/rest/services/
  Reference/World_Reference_Overlay/MapServer"}],
  "title": "World_Terrain_Base"
  },
  "version": "1.1"
};
```

一旦定义了 webmap，就在定义中使用 createMap() 方法来创建一个地图。

```
var mapDeferred = arcgisUtils.createMap(webmap, "map", {
mapOptions: {
slider: true
    }
});
```

11.3 ArcGIS Online 练习

本练习中，将学习如何在应用程序中融合 ArcGIS Online 地图。这个简单的应用程序将显示从 ArcGIS Online 中在 U.S 内可访问到公共的超市地图。该地图显示整个 U.S 的数据，如图 11-2 所示。纳入分析的都是年销售额有 1 000 000 美元或更多的超市。贫困人口的贫困率（比如 10%）是由从人口普查和符号化块基础代表的百分比来表示的，如图 11-2 所示。

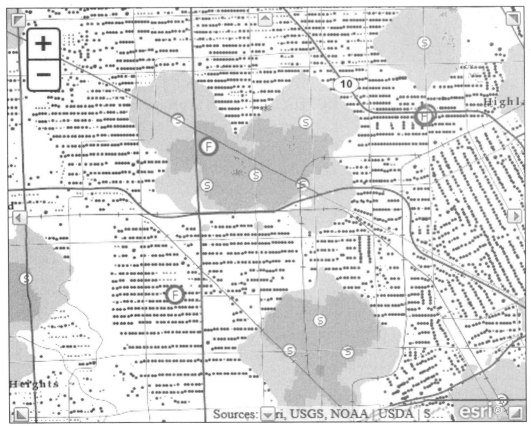

图 11-2 ArcGIS Online 地图

绿色的点表示生活在超市 1 英里范围内的贫困人口。红色的点代表生活在步行到超市需要 1 英里以外的人们，但是假设他们有车的话，就是生活在 10 分钟行驶时间范围内的贫困人口。灰色的点表示给定区域内的全部人口。按照以下步骤执行。

1. 开始应用程序编码之前，让我们首先访问 ArcGIS Online 来看一下如何找到地图并获取它们的唯一标识符。打开一个网页浏览器，访问 http://arcgis.com。

2. 在查询框中，如图 11-3 所示输入 Supermarket。

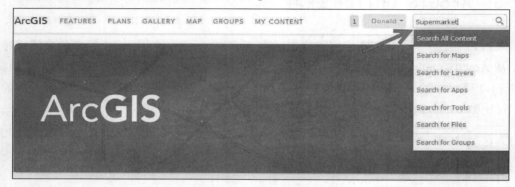

图 11-3　在 ArcGIS Online 地图的查询框输入 "Supermarket"

3. 它将返回一个结果列表（如图 11-4），然后添加 **Supermarket Access Map** 结果到应用程序中。

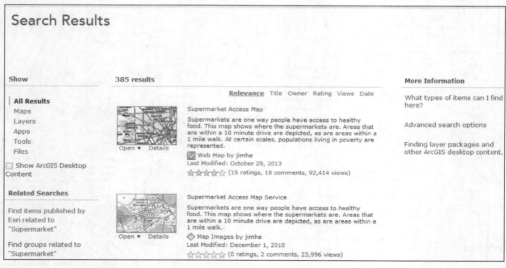

图 11-4　地图结果

4. 单击地图缩略图片下方的 Open 链接，如图 11-5 所示。

图 11-5　单击 Open 链接

5. 在 ArcGIS Online 查看器中打开地图。如图 11-6 所示拷贝该网页地图的序号。建议将该数字写在某个地方或者粘贴到记事本中，它就是该地图的唯一编号。

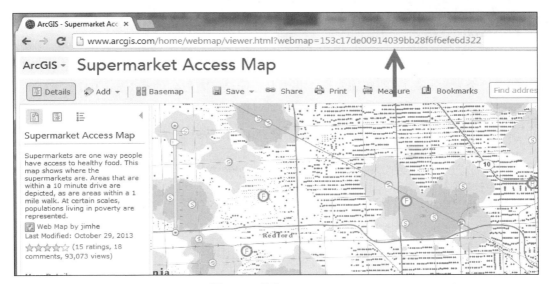

图 11-6　获取 webmap ID

6. 打开 JavaScript 沙盒地址：http://developers.arcgis.com/en/javascript/sandbox/sandbox.html。

7. 移除下列代码片段中加粗部分的`<script>`标签中的 JavaScript 内容。

```
<script>
dojo.require("esri.map");

function init(){
var map = new esri.Map("mapDiv", {
```

```
center: [-56.049, 38.485],
zoom: 3,
basemap: "streets"
        });
    }
dojo.ready(init);
</script>
```

8. 添加本练习中将使用到的下述对象引用。

```
<script>
require(["dojo/parser","dojo/ready","dojo/dom","esri/map",
        "esri/arcgis/utils",
        "esri/dijit/Scalebar","dojo/domReady!"], function(
parser,ready,dom,Map,arcgisUtils,Scalebar) {
  });
</script>
```

9. 在本简单示例中，我们把 webmap ID 编码到应用程序中。在 require() 函数内部，创建一个名为 agoId 的新的变量，并为其分配已经获取到的 webmap ID。

```
<script>
require(["dojo/parser","dojo/ready","dojo/dom","esri/map",
"esri/arcgis/utils",
        "esri/dijit/Scalebar","dojo/domReady!"], function(
parser,ready,dom,Map,arcgisUtils,Scalebar) {
  var agoId = "153c17de00914039bb28f6f6efe6d322";

  });

</script>
```

10. 本练习中的最后两步，我们将介绍 arcgisUtils.getItem() 方法和 arcgisUtils.createMap() 方法。两个方法返回的都是 Dojo/Deferred 对象，我们需要对该 Deferred 对象有一定的了解，否则光看代码意义也不大。dojo/Deferred 对象是专门为那些不能立即完成的任务创建的。它允许定义当任务完成后要执行的成功和失败回调函数。成功回调函数将被 Deferred.addCallback() 调用，失败函数调用是通过 Deferred.errCallback() 调用。getItem() 成功完成后将 itemInfo 传入到成功回调函数中。这个 itemInfo 对象将用来在自定义应用程序中创建来自 ArcGIS Online 的地图。由于某些原因未能完成操作将会产生错误，将传入到 Deferred.addErrback() 函数中。添加下列代码块到应用程序中，然后我们将进一步讨论其中的细节。

```
<script>
  require(["dojo/parser","dojo/ready","dojo/dom","esri/map",
          "esri/arcgis/utils",
          "esri/dijit/Scalebar","dojo/domReady!"], function(
parser,ready,dom,Map,arcgisUtils,Scalebar) {

    var agoId = "153c17de00914039bb28f6f6efe6d322";
    var itemDeferred = arcgisUtils.getItem(agoId);

    itemDeferred.addCallback(function(itemInfo) {
    var mapDeferred = arcgisUtils.createMap(itemInfo,"mapDiv", {
  mapOptions: {
  slider: true,
  nav:true
  }
  });

  });
  itemDeferred.addErrback(function(error) {
  console.log("getItem failed: ",
json.stringify(error));
  });

  });

</script>
```

第一行代码，我们调用 getItem() 函数，并传入 agoId 这个引用自 ArcGIS Online 的 Supermarket Access Map 的变量。该方法返回一个 Dojo/Deferred 对象，它存储在名为 itemDeferred 的变量中。

getItem() 函数获取 ArcGIS Online 项（webmap）的详细信息，该对象传回到回调函数中是一个通用的规格，如下所示。

```
{
item: <Object>,
itemData: <Object>
}
```

假设调用 getItem() 成功，该通用项对象会传递到 addCallback() 函数。在回调函数内部调用 getMap() 方法，并传入 itemInfo 这个引用作为地图容器的对象，以及任何定义地图功能的可选参数。这种情况下地图参数包括存在的导航滑块和导航按钮。之后 getMap() 方法会返回另一个 Dojo/Deferred 对象，它存储在 mapDeferred 变量中。在下一步中，将定义代码块来处理返回的 Deferred 对象。

11. mapDeferred.addCallback() 函数返回的对象将采用如下形式。

```
{
  Map: <esri/Map>,
itemInfo: {
item: <Object>,
itemData: <Object>
  }
}
```

12. 添加下列代码来处理返回的信息。

```
<script>
require(["dojo/parser","dojo/ready","dojo/dom","esri/map",
        "esri/arcgis/utils",
        "esri/dijit/Scalebar","dojo/domReady!"], function(
parser,ready,dom,Map,arcgisUtils,Scalebar) {

    var agoId = "153c17de00914039bb28f6f6efe6d322";
    var itemDeferred = arcgisUtils.getItem(agoId);

    itemDeferred.addCallback(function(itemInfo) {
    var mapDeferred = arcgisUtils.createMap(itemInfo,"mapDiv", {
   mapOptions: {
     slider: true,
     nav:true
       }
    });
        mapDeferred.addCallback(function(response) {
    map = response.map;
    });
    mapDeferred.addErrback(function(error) {
        console.log("Map creation failed: ", json.stringify(error));
    });

    });
    itemDeferred.addErrback(function(error) {
```

```
            console.log("getItem failed: ",json.stringify(error));
    });

    });
</script>
```

成功函数（`mapDeferred.addCallback`）从响应中获取地图，并将它分配到地图容器中。

13. 检查 `ArcGISJavaScriptAPI` 文件夹下的解决方案文件（`arcgisdotcom.html`）来确认代码已经正确编写。

14. 单击 **Run** 按钮之后，应当看到图 11-7 所示的地图输出，假如没有的话，需要重新检查代码的正确性。

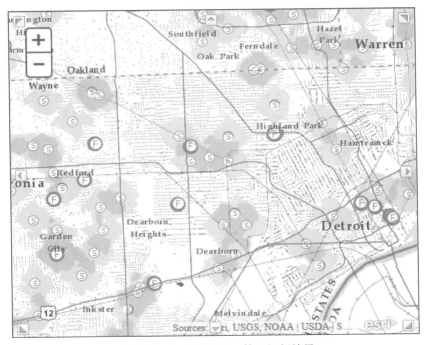

图 11-7　ArcGIS Online 练习运行结果

11.4　总结

ArcGIS Online 作为创建和共享地图以及其他资源的平台正在变得更加重要。作为一个应用程序开发人员，可以将这些地图融合到自定义应用程序中。每一个地图都有一个唯一标识符，在开发 ArcGIS Server 和 JavaScript API 中，我们使用它到自定义应用程序中获取地图。因为需要花费一定时间返回来自 ArcGIS Online 中的地图，`getItem()` 和 `createMap()` 方法返回 `Dojo/Deferred` 对象，它为成功和失败提供回调函数。一旦从 ArcGIS Online 中成功获取地图，它们就和其他地图服务一样呈现在应用程序中。在下一章中，我们将学习如何在移动应用程序中使用 ArcGIS JavaScript API。

第 12 章
创建移动应用程序

ArcGIS API for JavaScript 支持移动平台，目前支持的有 iOS、Android 和 BlackBerry 操作系统，该 API 整合了 dojox/mobile。在本章中，将了解到这个精简的 API 会让 Web 地图应用程序通过 Webkit 浏览器以及内置手势支持变为可能。需要记住一点就是，它不同于 iOS 或者 Android 平台下的 ArcGIS API，它用来创建本地应用程序并且通过应用商店获取。JavaScript API 应用程序通过移动设备上的 WebKit 浏览器进行渲染加载。

我们还将介绍地理位置 API 以及它是如何整合到 ArcGIS Server 应用程序中的。地理位置 API 是 HTML5 中的一部分，并用来获取移动设备的位置。大多数手机浏览器支持地理位置 API 规范，它用来提供脚本访问和宿主设备相关的地理图形位置信息。

在本章中，我们将介绍如下主题。

◆ ArcGIS API for JavaScript——精简开发。

◆ 设置视图比例。

◆ 精简开发练习。

◆ 整合地理位置 API。

◆ 地理位置 API 练习。

12.1 ArcGIS API for JavaScript——精简开发

ArcGIS API for JavaScript 有一个可以用来限制 API 占用的空间，让移动设备更快下载的精简开发。该更小的占用空间对移动应用程序包括 iPhone 和 iPad 是一个更好的选择。在标准版和精简开发版 API 之间有两个主要的区别。

◆ 第一个差别就是精简开发仅加载应用程序中需要的对象，比如，假如不需要 Calendar 控件，它是不会加载的。

◆ 第二个区别是精简开发仅加载 32 代码模块，而标准版加载 80 模块。假如需要使用一个代码模块，但是它没有作为精简开发版中的一部分下载，就可以使用 require() 函数来加载需要使用的指定模块。

引用精简开发只需简单地添加单词 compact 到引用 API 的最后，稍后将看到一个例子。在移动应用程序中使用 API 和先前学会的创建 Web 应用程序在技巧上并没有任何区别。然而，我们需要学习一些新的技巧来为移动应用程序创建用户界面。这里有一系列优秀的 JavaScript 移动框架来完成这个任务，它们包括 Dojox Mobile 和 jQuery Mobile。移动框架设计 Web 内容并让它看起来像一个移动应用程序，Safari 浏览器看起来像一个 iPhone 应用程序，Android 浏览器看起来像一个 Android 应用程序。创建移动用户界面超出内容范围，但是已出版的和网络在线有很多很好的资源提供。下列示例代码，将看到如何引用 ArcGIS API for JavaScript 的精简开发。注意 compact 关键词要加载在 API 的后面。

```
<script src="http://js.arcgis.com/3.7compact/"></script>
```

12.1.1　设置视图比例

需要使用 viewport <meta>标签来为应用程序设置一些初始的显示特性。<meta> 标签应当包括在 Web 页面的<head>标签中。推荐初始值为 1.0，这将填满整个屏幕视图，该值可以设置为 0 到 1.0 之间的任何值。假如没有设置宽度，手机浏览器将在 portrait 模式下使用 device-width；假如没有设置高度的话，浏览器在 landscape 模式下使用 device-height。

```
<meta name="viewport" content="width=device-width,
  initial-scale=1" maximum-scale=1.0   user-scalable=0>
```

12.1.2　精简开发练习

本练习中，将创建最基本的移动地图应用程序。我们打算使用 ArcGIS Server API for JavaScript 的精简版来创建以 Banff、Alberta、Canada 城镇为中心的地图应用程序。该应用程序除了实现缩放和平移外没有其他任何功能，除了地图外没有任何的用户界面分类。这样做的目的仅仅在于解释使用 JavaScript API 构建移动应用程序的基本结构。

该练习和前面章节的练习有一点差异，这里不需要使用 ArcGIS API for JavaScript 沙盒，相反，我们将在一个文本编辑器（推荐使用 Notepad++）中编写代码，然后使用一个手机模拟器进行测试。

1. 在开始练习之前，需要保证你可以访问 Web 服务器。假如不可以访问 Web 服务器或者你的电脑上没有安装，你可以下载并安装开源的 Web 服务器 Apache（http://httpd.apache.org/download.cgi）。Microsoft IIS 是另一个常用的 Web 服务器，当然还有很多其他服务器可以使用。为了方便本练习，我假设你使用的是 Apache Web 服务器。

2. 安装在本地电脑上的 Web 服务器可以通过引用 URL 地址 http://localhost，它用来访问 Web 服务器。假如在 Windows 平台下安装了 Apache 的话，它指向 C:\Program Files\Apache Software Foundation\Apache2.2 目录下的 htdocs 文件夹。

3. 在 ArcGISJavaScriptAPI 文件夹中，将找到一个名为 mobile_map.html 的文件，我已经预先编写了在本步骤中需要使用到的一些代码，所以你可以重点关注引用精简开发以及其他一些和移动开发相关的内容。使用该文件作为起点，假如你在 Windows 上使用 Apache，将其拷贝到 Web 服务器的根目录（C:\Program Files\Apache Software Foundation\Apache2.2\htdocs）中。

4. 使用你最喜欢的文本编辑器打开 mobile_map.html，我推荐使用 Notepad++，但是你可以选择任何其他文本编辑器。

5. 添加精简版 API 引用以及 Esri 样式表，向应用程序中添加下述加粗行代码。

```
<head>

    <meta http-equiv="Content-Type" content="text/html;
    charset-utf-8">
    <meta http-equiv="X-UA-Compatible" content="IE=7,IE=9,IE=10"/>
    <title>Simple Map</title>
    <link rel="stylesheet"
    href="http://js.arcgis.com/3.7/js/esri/css/esri.css"/>
    <link rel="stylesheet"     href="http://code.jquery.com/mobile/1.1.0-rc.1/
    jquery.mobile-1.1.0-rc.1.min.css"/>
    <script src="http://code.jquery.com/jquery-1.7.1.min.js"></script>
    <scriptsrc="http://code.jquery.com/mobile/1.1.0-rc.1/
    jquery.mobile-1.1.0-rc.1.min.js"></script>
<script src="http://js.arcgis.com/3.7compact/"></script>
```

6. 使用 viewport <meta>标签属性来为应用程序设置初始显示特征，推荐初始范围值为 1.0，它将填充整个屏幕视图，该值可以设置为从 0 到 1.0 之间的任何值。假如你没有设置宽度，手机浏览器在 portrait 模式下将使用 device-width；假如你没有设置高度，手机浏览器将在 landscape 模式下使用 device-height。在代码开始部分的 <head> 标签下面添加下述代码行。

```
<meta name="viewport" content="width=device-width, initial-scale=1">
```

7. 在 <script> 标签内，如下列加粗代码片段所示添加 require() 函数以及本练习中使用到的引用。

```
<script>
   require([
       "esri/map",
       "dojo/domReady!"
   ], function(Map) {
});
</script>
```

8. 和使用 ArcGIS API for JavaScript 构建传统方式的 Web 地图应用程序一样，需要创建一个 <div> 标签来保存移动应用程序用地图。对于一个移动应用程序来说，想要设计地图以便它可以占满整个移动应用程序的视图。它是通过分别将宽度和高度设置成 100% 来完成的，向应用程序中添加 <div> 地图容器，确保已经将宽度和高度设置成了 100%。

```
<div data-role="page">
  <div data-role="header">
    <h1>Simple Map</h1>
  </div><!-- /header -->
  <div data-role="content">
      <div id="mapDiv" style="width:100%;
      height:100%;"></div>
  </div><!-- /content -->

  <div data-role="footer">
    <h4>Page Footer</h4>
  </div><!-- /footer -->
</div><!-- /page -->
```

9. 移动设备可以通过在标准的或者通过旋转设备的 landscape 模式下显示视图。应用程序需要在当它们发生时来处理这些事件。为 <body> 标签添加 onorientationchange() 事件。onorientationchange() 事件引用自名为 orientationChanged() 的 JavaScript 函数，到目前为止它还没有定义，我们将在下一步中定义。

```
<body onorientationchange="orientationChanged();">
```

10. 创建一个 Map 对象，设置底图、地图中心以及缩放比例范围。

```
<script type="text/javascript">
  require([
      "esri/map",
      "dojo/domReady!"
      ], function(Map) {
        map = new Map("mapDiv", {
            basemap: "streets",
            center:[-115.570, 51.178], //long, lat
            zoom: 12
        });
      });
</script>
```

11. 如下列代码所示，创建 orientationChanged() 这个 JavaScript 函数。该函数可以添加到<script>标签内任意位置。

```
<script type="text/javascript">
        require([
          "esri/map",
          "dojo/domReady!"
        ], function(Map) {

        map = new Map("mapDiv", {
          basemap: "streets",
          center:[-115.570, 51.178], //long, lat
          zoom: 12
        });

    function orientationChanged() {
        if(map) {
                map.reposition();
                map.resize();
        }
        }
    });
</script>
```

12. 保存文件。

13. 打开一个 Web 浏览器并加载一个模拟器。你可以使用很多模拟器，这里我推荐使用iphone4simulator.com。这些站点可以模拟网站或者应用程序的外观和行为是什么样的。

假如你想在真实的移动设备上而不是在一个模拟器上浏览的话，欢迎将这些练习文件上传到一个在防火墙之外的 Web 服务器上。

14. 假如使用 Apache 的话，需要将文件保存到 Web 服务器的根目录位置：C:\Program Files\Apache Software Foundation\Apache2.2\htdocs。之后该文件可通过 URL 地址 http://localhost/mobile_map.html 在 Web 浏览器中访问到。在模拟器地址栏中输入 http://localhost/mobile_map.html，如图 12-1 所示将显示一个地图。

精简版的 API for JavaScript 创建一个 minified 版本的缩放范围滑块。虽然这和地图应用程序一样简单，但是它阐述了构建移动地图应用程序的基本特征。

15. 可以使用缩放滑块进行放大和缩小操作，请记住 ArcGIS API for JavaScript 还支持手势，因此我们还可以使用缩放手势来放大和缩小。但是，请记住在模拟器中并不起作用。如图 12-2 所示，使用应用程序界面上的放大和缩小按钮来进行放大和缩小操作。

图 12-1　模拟器中的地图　　　　　图 12-2　地图放大缩小操作

16. 检查 ArcGISJavaScriptAPI 文件夹下的解决方案文件（mobile_map_solution.html）来确认代码已经正确编写。

12.2　整合地理位置 API

地理位置 API 可以和 ArcGIS Server 应用程序进行整合来获取一个移动设备的位置。它还可以用来从一个基于 Web 的应用程序来获取位置，但是由于它使用 IP 地址而不是 GPS 或者手机基站，所以精度并没有那么高。

该 API 有内置的安全机制，在应用程序中使用地理位置定位功能之前需要终端用户明确的许可。在移动和 Web 应用程序中都会显示获取设备当前位置的请求权限提示框。该提示框如图 12-3 所示。

大多数浏览器支持地理位置 API 规范，它提供脚本来访问和宿主设备相关的几何地理位置信息。地理 API 的主要目的是用来定位移动设备的位置，获取一个移动设备的位置有很多种方法，包括手机基站、IP 地址和 GPS 定位，`Geolocation.getCurrentPosition()` 方法返回移动设备当前位置。你可以很简单地使用该 API 将表示用户当前位置的点放到地图应用程序中去。`Geolocation.watchPosition()` 方法用来跟踪位置的改变，每当位置发生改变时会触发一个回调函数。因此，假如应用程序中需要不断地跟踪设备位置信息，你需要使用 `watchPosition()` 而不是 `getCurrentPosition()`，它可以简单而及时地获取到某个点的位置。

图 12-3　权限提示框

下述代码片段包括一个简单的实例，详细描述了地理位置 API 的使用。首先，我们需要做的是检查浏览器是否支持地理位置 API，它可以通过 `navigator.geolocation` 属性的返回值为 `true` 或者 `false` 来判断。一般地，它会提示用户允许应用程序来获取当前位置信息以及确保浏览器支持地理位置 API。

 访问 http://caniuse.com 来检查你的浏览器是否支持地理位置或者任何其他 HTML5 特性。

如果浏览器支持地理位置 API 并且用户赋予获取位置的权限，我们就会调用 `geolocation.getCurrentPosition()` 方法。传入该方法的第一个参数表示的是成功回调函数，它将在设备成功定位时执行。相似地，还提供一个错误回调函数(`locationError`)。一个 Position 对象被传入到成功回调函数中，该 Position 对象可以用来检查并获取位置

的纬度/经度坐标。这个就是我们在 zoomToLocation() 函数中完成的,它接收一个 Position
对象作为唯一参数,之后该函数会获取纬度/经度坐标并将点绘制到地图上。

```
if (navigator.geolocation){
  navigator.geolocation.getCurrentPosition(zoomToLocation,locationError);
}

function zoomToLocation(location) {
  var symbol = new SimpleMarkerSymbol();

  symbol.setStyle(SimpleMarkerSymbol.STYLE_SQUARE);
  symbol.setColor(new Color([153,0,51,0.75]));

  var pt = esri.geometry.geographicToWebMercator(new
    Point(location.coords.longitude, location.coords.latitude));
  var graphic = new Graphic(pt, symbol);
  map.graphics.add(graphic);
  map.centerAndZoom(pt, 16);
}

function locationError(error) {
  switch (error.code) {
    case error.PERMISSION_DENIED:
      alert("Location not provided");
      break;
    case error.POSITION_UNAVAILABLE:
      alert("Current location not available");
      break;
    case error.TIMEOUT:
      alert("Timeout");
      break;
    default:
      alert("unknown error");
      break;
  }
}
```

地理位置 API 练习

在本练习中，将学习如何将地理位置 API 整合到 ArcGIS Server API for JavaScript 应用
程序中。

1. 打开 JavaScript 沙盒地址：http://developers.arcgis.com/en/javascript/sandbox/sandbox.html。

2. 移除下述代码片段中加粗部分的<script>标签中的 JavaScript 内容。

```
<script>
  dojo.require("esri.map");

  function init(){
   var map = new esri.Map("mapDiv", {
      center: [-56.049, 38.485],
      zoom: 3,
      basemap: "streets"
    });
  }
  dojo.ready(init);
</script>
```

3. 添加本练习中我们将使用到的下列对象引用。

```
<script>
  require([
    "dojo/dom",
    "esri/map",
    "esri/geometry/Point",
    "esri/symbols/SimpleMarkerSymbol",
    "esri/graphic",
    "esri/geometry/webMercatorUtils",
    "dojo/_base/Color",
    "dojo/domReady!"
    ], function(dom, Map, Point, SimpleMarkerSymbol, Graphic,
      webMercatorUtils, Color) {
  });
</script>
```

    4. 创建一个 Map 对象，将地图中心设置在底图 San Diego，CA 图层的街道上。假如使用的浏览器不支持地理位置 API 或者不提供访问当前设备位置权限的话，它将作为一个默认地图和缩放范围。

```
<script>
  require([
      "dojo/dom",
      "esri/map",
      "esri/geometry/Point",
      "esri/symbols/SimpleMarkerSymbol",
```

```
        "esri/graphic",
        "esri/geometry/webMercatorUtils",
        "dojo/_base/Color",
        "dojo/domReady!"
    ], function(dom, Map, Point, SimpleMarkerSymbol,
    Graphic, webMercatorUtils, Color)          {

    map = new Map("mapDiv", {
        basemap: "streets",
        center:[-117.148, 32.706], //long, lat
        zoom: 12
    });
  });
</script>
```

5. 创建一个 `if` 语句来检查浏览器是否支持地理位置 API 和访问设备当前位置的权限。
`Navigator.geolocation` 属性将返回 `true` 或者 `false` 值。假如浏览器支持地理位置
API 和用户给予的权限，该属性将包含一个 `true` 值。

```
map = new Map("mapDiv", {
  basemap: "streets",
  center:[-117.148, 32.706], //long, lat
  zoom: 12
});
if (navigator.geolocation){
  navigator.geolocation.getCurrentPosition(zoomToLocation,locationError);
}
```

6. 从上一步中添加的代码可以看出，`Geolocation.getCurrentPosition()` 函数
定义了两个回调函数：一个是成功回调函数(`zoomToLocation`)，另一个是失败回调函数
(`locationError`)。在本步骤中，将通过添加下列代码块来创建成功回调函数。成功回
调函数，名为 `zoomToLocation`，将会缩放到移动设备的位置处。

```
if (navigator.geolocation){
  navigator.geolocation.getCurrentPosition(zoomToLocation,
    locationError);
      }

function zoomToLocation(location) {
  var symbol = new SimpleMarkerSymbol();

  symbol.setStyle(SimpleMarkerSymbol.STYLE_SQUARE);
```

```
    symbol.setColor(new dojo.Color([153,0,51,0.75]));

    var pt = webMercatorUtils.geographicToWebMercator(new
      Point(location.coords.longitude,
      location.coords.latitude));
    var graphic = new Graphic(pt, symbol);
    map.graphics.add(graphic);
    map.centerAndZoom(pt, 16);
  }
```

7. 现在，让我们添加名为 `locationError()` 的错误回调函数。该函数将会测试各种与无法确定设备当前位置相关的错误。在上一步创建的成功回调函数的下面添加下述函数。

```
function locationError(error) {
  switch (error.code) {
    case error.PERMISSION_DENIED:
      alert("Location not provided");
      break;
    case error.POSITION_UNAVAILABLE:
      alert("Current location not available");
      break;
    case error.TIMEOUT:
      alert("Timeout");
      break;
    default:
      alert("unknown error");
      break;
    }
}
```

8. 通过位于 ArcGISJavaScriptAPI 文件夹下的解决方案文件 `geolocation.html` 来检查代码是否已经正确编写。

9. 单击 **Run** 按钮后，一开始将看到图 12-4 所示的提示信息。

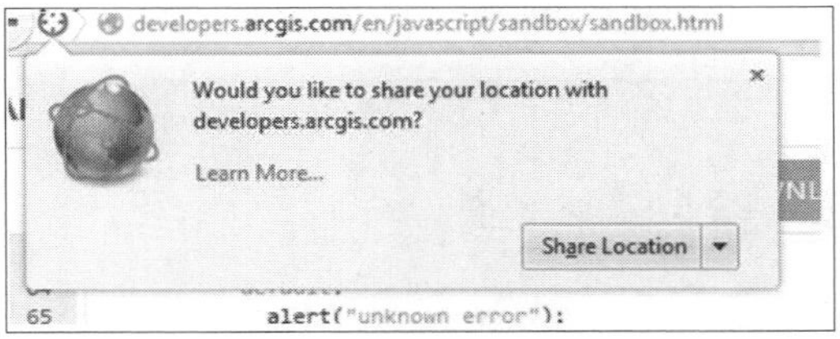

10. 如果使用的浏览器支持地理位置 API，单击 **Share Location**，随后将显示一个新的地图，用一个符号来展示你当前的位置，如图 12-5 所示，你的位置将明显和我的不一样。

图 12-4　提示信息

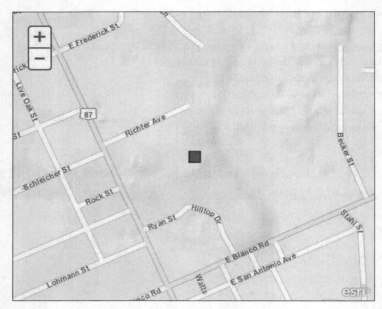

图 12-5   当前位置信息

12.3   总结

移动 GIS 应用程序越来越流行，ArcGIS Server API for JavaScript 可以用来快速开发支持 Web 和移动的应用程序。API 带有内置的 API 手势，它支持 iOS、Android 和 BlackBerry 平台。精简版的 API 占用空间小并可快速下载到移动端的平台上。此外，为了定位设备和更新地图来显示当前位置，我们可以在应用程序中结合地理位置 API。在下一章中，我们将学习用于设计和创建应用程序布局的基本技能。

附录

利用 ArcGIS 模板和 Dojo 设计
应用程序

大多数 Web 开发人员在创建 GIS 应用程序时遇到的最难任务是设计和创建用户界面，ArcGIS API for JavaScript 和 Dojo 极大地简化了该任务。Dojo 布局控件提供简单、高效的方式来创建应用程序布局，Esri 也提供一系列示例应用程序布局和模板，你可以用它们来快速构建和运行应用程序。在本附录中，读者将学会快速进行应用程序布局设计的技能。

Dojo 容器控件

鉴于 ArcGIS API for JavaScript 直接建立在 DojoJavaScript 框架之上，因此可以直接访问用户界面 Dojo 类库，包括布局控件 BorderContainer 等。布局控件是一系列用户界面元素，可以添加到应用程序中来控制应用程序的布局。BorderContainer 控件作为其他子容器的基本容器，它有两种设计类型：headline 或者 sidebar，我们可以使用 design 属性来定义设计类型。设计类型可以是 headline 或者 sidebar，并且两者都可以分割成 5 种不同的区域：top、bottom、right、left 和 center，如附图 1 所示。每一个区域通常都由一个 Dojo 布局元素填充。它还可以使用区域嵌套来实现对应用程序布局进行更多控制。比如，想在主 BorderContainer 的 center 区域包括第二个 BorderContainer，使用第二个 BorderContainer，这样可以进一步划分 center 区域。

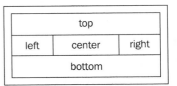

附图 1　五个不同区域

如下列代码所示，我们定义 design 为类型 headline，这将导致在代码中看到一般的配置，top 和 bottom 区域横跨整个屏幕空间的宽度。在这种情况下，仅需要为 top 和

bottom 区域设置 height 属性。

```
<div id="main-pane" dojoType="dijit.layout.BorderContainer" design="headline">
```

如下列代码所示，我们定义 design 为 sidebar，使用 sidebar 设计，left 和 right 区域扩大到占用整个窗口高度的 100%。除可提供的 top 和 bottom 区域高度外，在这种情况下，仅需要定义 width 样式属性作为 100% 的高度。

```
<div id="main-pane" dojoType="dijit.layout.BorderContainer" design="sidebar">
```

另外一种情况下，center 区域将会自适应在其他区域基础上还可提供的空间大小。附图 2 和附图 3 分别描述了 BorderContainer 可提供的设计类型。附图 2 所示为 headline 样式，附图 3 所示为 sidebar 样式。

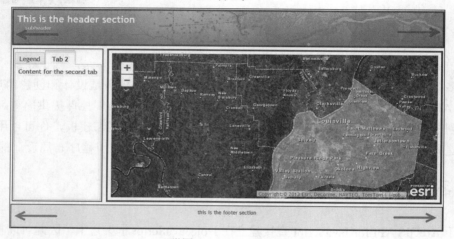

附图 2　headline 样式

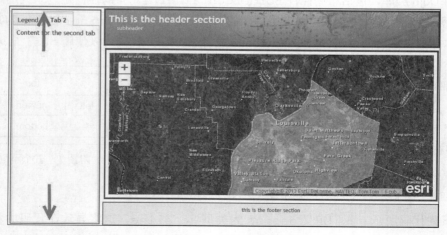

附图 3　sidebar 样式

附加的 Dojo 布局元素

BorderContainer（top、bottom、left、right 和 center）中的每一个区域都可以填充一个 Dojo 布局元素。这些元素分别是 AccordionContainer、SplitContainer、StackContainer 和 TabContainer。还可以创建嵌套 BorderContainer 对象集合来进一步划分可提供的布局空间。

在一个区域内放置一个子元素通过使用 region 属性实现，如下列代码所示。注意加粗部分，region 属性设置为 left，它将在 left 区域内创建 ContentPane。ContentPane 是一个非常基础的布局元素，它作为其他空间的容器。在这种情况下，它用来保存 TabContainer（加粗部分），包含附加的 ContentPane 对象。

```
<div dojotype="dijit.layout.ContentPane" id="leftPane" region="left">
  <div dojotype = "dijit.layout.TabContainer">
    <div dojotype="dijit.layout.ContentPane" title = "Tab 1"
      selected="true">
      Content for the first tab
    </div>
    <div dojotype="dijit.layout.ContentPane" title = "Tab 2" >
      Content for the second tab
    </div>
  </div>
</div>
```

附图 4 显示了通过 ContentPane 和 TabContainer 产生的位置和内容。

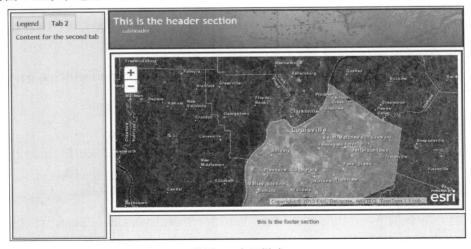

附图 4   布局样式

AccordionContainer 保存一系列标题可见的面板，但是每次只有一个面板内容是可见的。当用户单击标题，面板内的内容变成可见。这是非常优秀的用户界面容器，它可以在一个非常小的区域内保存大量的信息。

Esri 提供一系列布局示例，可以用来开始我们的应用程序布局。ArcGIS API for JavaScript 的帮助页面包括一个 **Samples** 标签，它包含一系列在应用程序中可以使用的示例脚本，包括各种布局示例。在下一节中，我们将学习如何整合这些布局示例中的一个到应用程序中去。

布局示例练习

在本练习中，首先将下载由 Esri 提供的一个布局示例。然后检查该布局来获取由 Dojo 提供的基本布局元素的感觉。最后，我们将对该布局进行一些修改操作。

1. 在开始该练习之前，需要确保可以访问一个 Web 服务器。如果不能访问到一个 Web 服务器或者 Web 服务器没有在你电脑上安装的话，你可以下载并安装开源的 Web 服务器 Apache（http://httpd.apache.org/download.cgi）。微软 IIS 是另一个常用的 Web 服务器，当然还有许多其他服务器可以使用。本练习中，我假设你使用的是 Apache Web 服务器。

2. 安装在你本地电脑上的 Web 服务器可以引用 http://localhost 这个 URL。假如你已经在 Windows 平台下安装了 Apache，那么它指向的是 C:\Program Files\Apache Software Foundation\Apache2.2\ 下的 htdocs 文件夹。

3. 在 ArcGIS API for JavaScript 站点下的 **Samples** 标签下，在搜索框中搜索 Layouts 会有一系列的可提供的布局示例。

4. 向下滚动搜索到的的结果列表直到看到附图 5 所示的 **Layout with left pane** 示例，单击该项。

5. 单击"**Download as a zip file**"链接来下载该示例。

6. 在 C:\Program Files\Apache Software Foundation\Apache2.2\ 目录中的 htdocs 文件夹下创建一个新的文件夹，并命名为 layout。解压缩已经下载的文件到该文件夹下，它将创建一个名为 index.html 的文件以及 css 和 images 文件夹。

7. 打开 Web 浏览器，访问 URL 地址：http://localhost/layout/index.html，可以看到当前布局，如附图 6 所示。

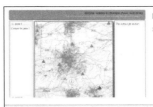 Layout with map split in three using data from ArcGIS.com: Display a map from ArcGIS.com in a sample layout created using the Dojo layout widgets.

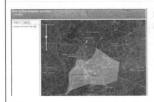 Layout with left pane, map data from ArcGIS.com: Display a map from ArcGIS.com in a sample layout created using the Dojo layout widgets.

 Layout with header and footer, map data from ArcGIS.com: Create a layout using the Dojo Layout widgets that includes a header and displays a map from ArcGIS.com.

附图 5 搜索结果

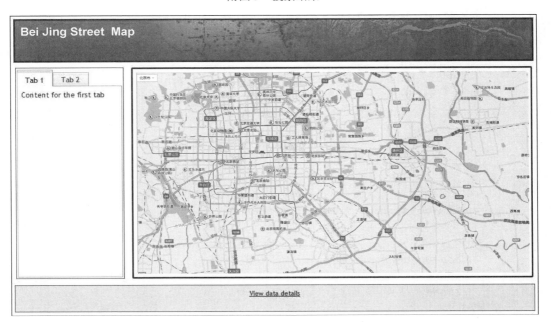

附图 6 当前布局

8. 用你喜欢的文本或者 Web 编辑器来打开 index.html。

9. 滚动到文件的底部直到看到<body>标签。

10. 最上层的布局容器是 BorderContainer。<div>标签包含 BorderContainer 和需要位于<div>标签内部的其他子布局元素。检查下述代码，加粗部分代码用来定义我们顶层的 BorderContainer，请注意设计已经设置为 headline，它意味着 top 和 bottom 区域将占用整个屏幕宽度。

```
<body class="claro">
  <div id="mainWindow" data-dojo-type="dijit.layout.BorderContainer"
    data-dojo-props="design:'headline'" style="width:100%; height:100%;">

    <div id="header" data-dojo-type="dijit.layout.ContentPane"
      data-dojo-props="region:'top'">
      <div id="title">
      </div>
    </div>

    <div data-dojo-type="dijit.layout.ContentPane" id="leftPane"
      data-dojo-props="region:'left'">
      <div data-dojo-type="dijit.layout.TabContainer">
        <div data-dojo-type="dijit.layout.ContentPane"
          data-dojo-props="title:'Tab 1', selected:'true'">
          Content for the first tab
        </div>
        <div data-dojo-type="dijit.layout.ContentPane"
          data-dojo-props="title:'Tab 2'">
          Content for the second tab
        </div>
      </div>
    </div>

    <div id="map" data-dojo-type="dijit.layout.ContentPane"
      data-dojo-props="region:'center'"></div>

    <div id="footer" data-dojo-type="dijit.layout.ContentPane"
      data-dojo-props="region:'bottom'">
      <span id="dataSource">
      </span>
    </div>

  </div>
</body>
```

11. 在 BorderContainer 内部，你将发现使用 ContentPane 控件定义的多个子

布局元素。ContentPane 是一个非常通用的布局元素，它仅用来保存文本或者附加的布局元素，比如 TabContainer 或者 AccordionContainer。

```
<body class="claro">
  <div id="mainWindow" data-dojo-type="dijit.layout.BorderContainer"
    data-dojo-props="design:'headline'"style="width:100%; height:100%;">

    <div id="header" data-dojo-type="dijit.layout.ContentPane"
      data-dojo-props="region:'top'">
      <div id="title">
      </div>
    </div>
    <div data-dojo-type="dijit.layout.ContentPane" id="leftPane"
      data-dojo-props="region:'left'">
      <div data-dojo-type="dijit.layout.TabContainer">
        <div data-dojo-type="dijit.layout.ContentPane"
          data-dojo-props="title:'Tab 1', selected:'true'">
          Content for the first tab
        </div>
        <div data-dojo-type="dijit.layout.ContentPane"
          data-dojo-props="title:'Tab 2'">
          Content for the second tab
        </div>
      </div>
    </div>

    <div id="map" data-dojo-type="dijit.layout.ContentPane"
      data-dojo-props="region:'center'">  </div>

    <div id="footer" data-dojo-type="dijit.layout.ContentPane"
      data-dojo-props="region:'bottom'">
      <span id="dataSource">
      </span>
    </div>

  </div>
</body>
```

 请注意前面的示例代码，每一个 ContentPane 布局元素都有一个区域，它用来设计每一个布局元素。这种情况下，我们定义了所有可提供的区域（除了 right 区域外），如附图 7 所示。

12. 接下来检查如下加粗代码，其定义了 `left` 区域的内容。一个简单的 `ContentPane` 布局元素已经定义，它如我前面所提到的那样是一个非常简单的包含其他布局元素或者文本的容器。在该 `ContentPane` 内，我们创建了一个 `TabContainer` 布局元素，并为其分配了两个标签，每一个标签都是一个 `ContentPane`。

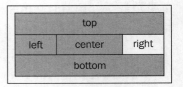

附图 7 布局示例

```html
<body class="claro">
  <div id="mainWindow" data-dojo-type="dijit.layout.BorderContainer"
    data-dojo-props="design:'headline'" style="width:100%; height:100%;">

    <div id="header" data-dojo-type="dijit.layout.ContentPane"
      data-dojo-props="region:'top'">
      <div id="title">
      </div>
    </div>

    <div data-dojo-type="dijit.layout.ContentPane" id="leftPane"
      data-dojo-props="region:'left'">
      <div data-dojo-type="dijit.layout.TabContainer">
        <div data-dojo-type="dijit.layout.ContentPane"
          data-dojo-props="title:'Tab 1', selected:'true'">
          Content for the first tab
        </div>
        <div data-dojo-type="dijit.layout.ContentPane"
          data-dojo-props="title:'Tab 2'">
          Content for the second tab
        </div>
      </div>
    </div>

    <div id="map" data-dojo-type="dijit.layout.ContentPane"
      data-dojo-props="region:'center'">
    </div>

    <div id="footer" data-dojo-type="dijit.layout.ContentPane"
      data-dojo-props="region:'bottom'">
      <span id="dataSource">
      </span>
    </div>

  </div>
</body>
```

13. 一种常见的情况是创建一个标签容器来保存地图的图例，如附图 8 所示。

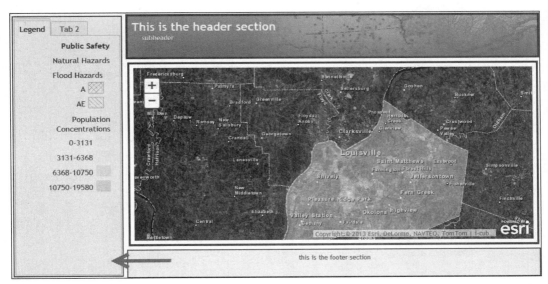

附图 8　包含图例的布局

14. 既然理解了创建布局元素的基本概念，就可以为 `right` 区域添加内容，添加下列加粗代码。

```
<body class="claro">
  <div id="mainWindow" data-dojo-type="dijit.layout.BorderContainer"
    data-dojo-props="design:'headline'"style="width:100%; height:100%;">

    <div id="header" data-dojo-type="dijit.layout.ContentPane"
      data-dojo-props="region:'top'">
      <div id="title">
      </div>
    </div>

    <div data-dojo-type="dijit.layout.ContentPane" id="leftPane"
      data-dojo-props="region:'left'">
      <div data-dojo-type="dijit.layout.TabContainer">
        <div data-dojo-type="dijit.layout.ContentPane"
          data-dojo-props="title:'Tab 1', selected:'true'">
          Content for the first tab
        </div>
        <div data-dojo-type="dijit.layout.ContentPane"
          data-dojo-props="title:'Tab 2'">
```

```
      Content for the second tab
    </div>
  </div>
</div>

<div data-dojo-type="dijit.layout.ContentPane" id="rightPane"
  data-dojo-props="region:'right'">
  Content for right pane
</div>

<div id="map" data-dojo-type="dijit.layout.ContentPane"
  data-dojo-props="region:'center'">  </div>

<div id="footer" data-dojo-type="dijit.layout.ContentPane"
  data-dojo-props="region:'bottom'">
  <span id="dataSource">
  </span>
</div>

  </div>
</body>
```

15. 在练习前面解压出来的 css 文件夹中，有一个名为 layout.css 的文件，它包含了应用程序的样式信息，在文本编辑器中打开该文件。

16. 如下列代码所示找到文本#rightPane，为其定义背景颜色、前景颜色、边框样式和区域宽度。

```
#rightPane {
  background-color:#FFF;
  color:#3f3f3f;
  border:solid 2px #224a54;
  width:20%;
}
```

17. 回想前面部分添加的代码块，我们将 right 区域的 id 设置为 rightPane。CSS 部分将会为我们的面板设置背景颜色（白色）、前景颜色、宽度和边框的样式。

18. 保存文件。

19. 如果有必要，打开 Web 浏览器并加载 http://localhost/layout/index. html，或者如果已经打开浏览器，请简单地刷新下页面。此时可以看见应用程序 right 区域的新内容，如附图 9

所示。当前它只保存文本作为内容，但是还可以轻松地添加额外的内容，包括用户界面控件（dijits）。在下一步当我们添加 AccordionContainer 时来这样做。

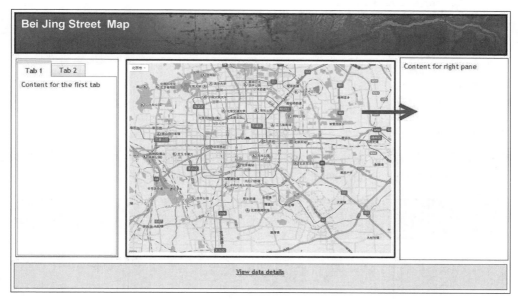

附图 9　right 区域的新内容

20. 下一步，我们将为 right 区域添加 AccordionContainer。

21. 首先，添加引用 AccordionContainer 资源，如下列代码所示。

```
dojo.require("dijit.layout.BorderContainer");
dojo.require("dijit.layout.ContentPane");
dojo.require("dijit.layout.TabContainer");
dojo.require("esri.map");
dojo.require("esri.arcgis.utils");
dojo.require("esri.IdentityManager");
dojo.require("dijit.layout.AccordionContainer");
```

22. 现在，在 ContentPane 内部为 right 区域以及每一个面板的内容区域添加 AccordionContainer。将下列加粗代码添加到在第 14 步骤中创建的 ContentPane。

```
<div data-dojo-type="dijit.layout.ContentPane" id="rightPane"
  data-dojo-props="region:'right'">
  <div data-dojo-type="dijit.layout.AccordionContainer" >
    <div data-dojo-type="dijit.layout.ContentPane" title="Pane 1">
      Content for Pane 1
```

```
    </div>
    <div data-dojo-type="dijit.layout.ContentPane" title="Pane 2">
      Content for Pane 2
    </div>
    <div data-dojo-type="dijit.layout.ContentPane" title="Pane 3">
      Content for Pane 3
    </div>
   </div>
</div>
```

23. 保存该文件。

24. 刷新浏览器页面来显示新的 `AccordionContainer` 布局元素，如附图 10 所示。在本练习中，我们已经学会如何通过 Esri 布局示例来快速创建应用程序布局。

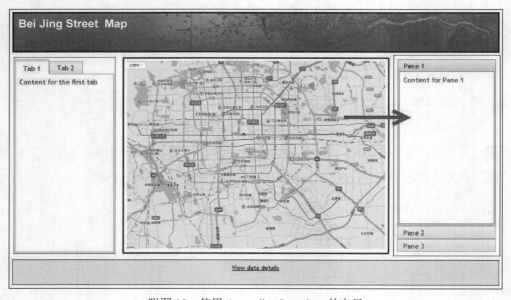

附图 10　使用 AccordionContainer 的布局

总结

设计和执行 GIS Web 地图应用程序的外观通常对大多数开发人员来说是一个非常艰巨的任务。设计和开发是两种非常不同的技能集，大多数人不是两者都擅长。然而，Dojo 的布局控件和 Esri 的示例模板让使用较少的代码来构建复杂设计变得更加简单。在本附录中，我们已经学会了如何使用 Esri 示例来为应用程序进行快速定义和布局构建。